信号分析与处理实验指导书

钱 玲 虞粉英 李彧晟 编著

科学出版社

北 京

内 容 简 介

本书是与"信号与系统"、"数字信号处理"和"DSP技术应用"三门课程配套的实验指导书,主要内容包括硬件实验和软件实验,其中,每个实验都给出实验目的、实验原理、实验内容和实验后的思考。硬件实验中仪器的使用说明、软件实验中软件的使用说明均在附录中呈现。本书的特点是覆盖面广、实用性强,通过阅读本书可以了解上述三门课程的精髓。

本书可以作为高等院校电子信息类专业本科生或专科生的实验指导教材,也可供有关技术人员和科研管理人员使用,或作为自学人员的参考书。

图书在版编目(CIP)数据

信号分析与处理实验指导书/钱玲,虞粉英,李彧晟编著.—北京:科学出版社,2012.3
ISBN 978-7-03-033615-6

Ⅰ.①信… Ⅱ.①钱…②虞…③李… Ⅲ.①信号分析-实验-高等学校-教学参考资料②信号处理-实验-高等学校-教学参考资料 Ⅳ.①TN911-33

中国版本图书馆 CIP 数据核字(2012)第 028828 号

责任编辑:顾 艳 胡 凯/责任校对:刘亚琦
责任印制:徐晓晨/封面设计:王 浩

科学出版社 出版
北京东黄城根北街 16 号
邮政编码:100717
http://www.sciencep.com

北京凌奇印刷有限责任公司 印刷
科学出版社发行 各地新华书店经销
*
2012 年 3 月第 一 版 开本:787×1092 1/16
2020 年 9 月第四次印刷 印张:13 1/2
字数:306 000
定价:38.00 元
(如有印装质量问题,我社负责调换)

前　言

"信号与系统"、"数字信号处理"和"DSP技术应用"是通信工程、电子信息工程、计算机应用技术、电气工程及其自动化等电类专业的重要技术课程，本书是配合这三门课程的实验指导书。

本实验指导书分"信号分析与处理硬件实验篇"和"信号分析与处理软件实验篇"。其中，硬件实验主要是用相关实验仪器和DSP集成环境来验证课程中的理论知识和技术方法；软件实验主要是应用Matlab软件的集成环境仿真课程中的信号与系统的时域、频域和复频域的波形和频谱、响应和频响，从而达到硬件实验难以达到的效果。

硬件实验篇中，实验1～实验4配合"信号与系统"课程；实验5～实验8配合"数字信号处理"课程；实验9～实验15配合"DSP技术应用"课程。软件实验篇同时配合"信号与系统"和"数字信号处理"两门课程，其中，实验16～实验24对应"信号与系统"课程的有关章节；实验25～实验28对应"数字信号处理"课程的有关章节。学生在学习和实验过程中可以对应起来参考。附录A介绍了硬件实验1～实验8中常用仪器的使用方法，便于读者迅速掌握；附录B简单介绍了Matlab软件以及相应程序中的Matlab函数，便于读者迅速查阅；附录C介绍了硬件实验9～实验15中CCS开发环境、C语言开发文件说明、C2000 DSP教学实验箱的原理和功能，便于读者学习和掌握。

本书由钱玲主编，实验1～实验8以及附录A由虞粉英执笔，实验9～实验15以及附录C由李彧晟执笔，实验16～实验28、附录B由钱玲执笔。朱晓华教授对本书进行了主审，徐天成副教授对本书提出了宝贵的建议，编者所在的南京理工大学电子工程系同事对本书提出了诸多修改意见，对本书给予很大帮助。孙理、张燕洪博士研究生和侯亚丽、周文霞硕士研究生在绘图、校订等方面做了大量工作，在此一并表示感谢。

本实验指导书已被南京理工大学多个专业采用，经过三年时间的修改和完善，现正式出版。本书能顺利出版，也要感谢南京理工大学电子工程系苏卫民教授的大力支持。

书中若有错误和不妥之处，恳请读者批评指正。

编　者
2011年10月于南京

目 录

前言

第一篇　信号分析与处理硬件实验篇

- 实验 1　周期信号的频谱测试 …………………………………………………… 3
- 实验 2　系统频率响应特性的测量 ……………………………………………… 7
- 实验 3　信号通过线性系统 ……………………………………………………… 10
- 实验 4　信号的采样和采样定理 ………………………………………………… 15
- 实验 5　通用 DSP 实现 IIR 滤波器 …………………………………………… 19
- 实验 6　通用 DSP 实现 FIR 滤波器 …………………………………………… 23
- 实验 7　FIR 滤波器结构的实现 ………………………………………………… 27
- 实验 8　FFT 分析信号频谱 ……………………………………………………… 30
- 实验 9　DSP 开发基础实验 ……………………………………………………… 32
- 实验 10　任意信号发生器 ………………………………………………………… 38
- 实验 11　DSP 数据采集 …………………………………………………………… 42
- 实验 12　FIR 滤波器的 DSP 实现 ……………………………………………… 57
- 实验 13　使用 TI 库函数实现 FIR 滤波器 …………………………………… 64
- 实验 14　使用 TI 库函数实现 IIR 滤波器 …………………………………… 71
- 实验 15　基于 DSP 的实时频谱分析 …………………………………………… 78

第二篇　信号分析与处理软件实验篇

- 实验 16　熟悉 Matlab 环境与连续时间信号的时域分析 …………………… 89
- 实验 17　连续时间信号的时域分析 ……………………………………………… 96
- 实验 18　连续信号的变换域分析 ………………………………………………… 103
- 实验 19　连续时间系统的时域分析 ……………………………………………… 109
- 实验 20　连续时间系统的变换域分析 …………………………………………… 115
- 实验 21　傅里叶变换域的应用 …………………………………………………… 121
- 实验 22　离散时间信号的时域和变换域分析 …………………………………… 129
- 实验 23　离散时间系统的时域与变换域分析 …………………………………… 136
- 实验 24　系统的状态变量分析法 ………………………………………………… 143
- 实验 25　IIR 数字滤波器的设计 ………………………………………………… 150
- 实验 26　FIR 数字滤波器的设计 ………………………………………………… 155
- 实验 27　快速傅里叶变换（FFT）及其应用 …………………………………… 160
- 实验 28　滤波器结构及其量化效应 ……………………………………………… 165

附 录

附录 A 实验仪器使用说明 …………………………………………… 175
附录 B Matlab 软件简介 …………………………………………… 178
附录 C DSP 开发实验预备知识 …………………………………… 185

第一篇
信号分析与处理硬件实验篇

实验 1　周期信号的频谱测试

1.1　实验目的

1) 掌握周期信号频谱的测试方法。
2) 了解典型信号频谱的特点,建立典型信号的波形与频谱之间的关系。

1.2　实验原理及方法

1) 信号的频谱可分为幅度谱、相位谱和功率谱,分别是将信号的基波和各次谐波的振幅、相位和功率按频率由低到高依次排列而成的图形。根据信号的频谱可以了解信号包含的频率成分以及各成分的相对变化规律。

2) 周期连续时间信号的频谱具有离散性、谐波性、收敛性。

例如,正弦波、周期矩形脉冲、三角波的波形和幅度谱分别如图 1.1～图 1.3 所示。

(1) 正弦波的波形和幅度谱如图 1.1 所示。

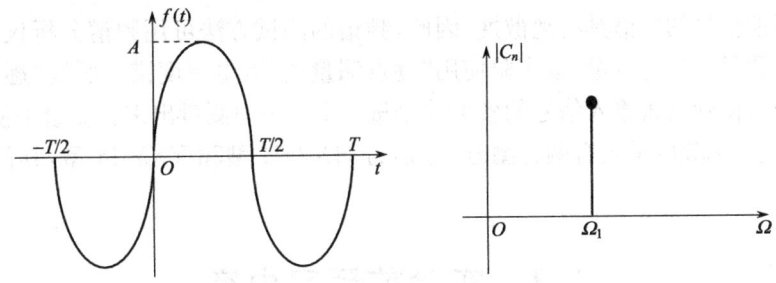

图 1.1　正弦波的波形和幅度谱

(2) 周期矩形脉冲的波形和幅度谱如图 1.2(a)所示。

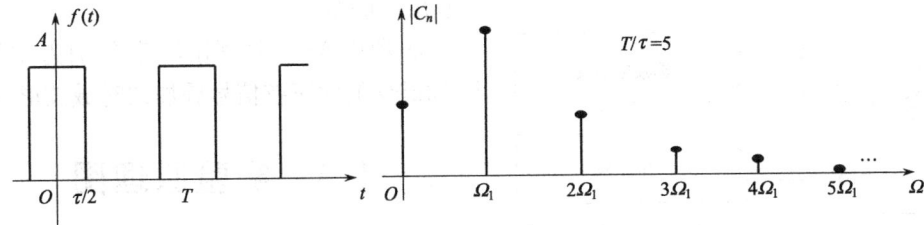

图 1.2(a)　周期矩形脉冲的波形和幅度谱

当周期矩形脉冲的周期 T 变化和 τ 变化时，幅度谱如图 1.2(b)所示。

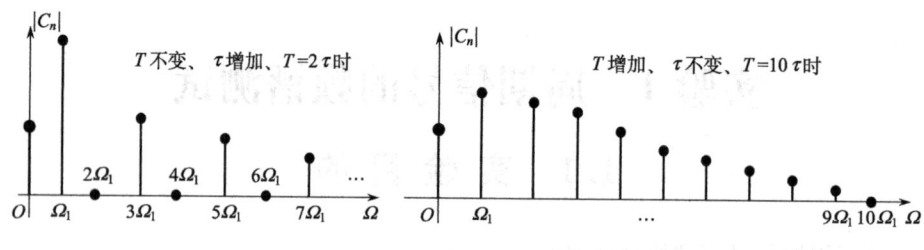

图 1.2(b)　周期矩形脉冲的幅度谱

(3) 三角波的波形和幅度谱如图 1.3 所示。

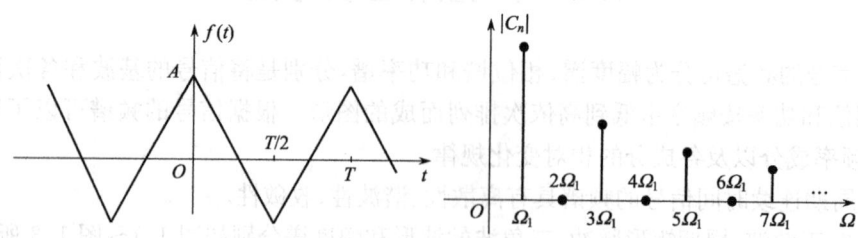

图 1.3　三角波的波形和幅度谱

由于周期信号的频谱具有离散性，因此，频谱的测试方法可用频谱分析仪直接测量，亦可用逐点测量法进行测量，本实验使用"逐点测量法"测量幅度谱。所谓"逐点测量法"就是按频率由低到高将输入信号的各谐波分量一个一个地测量出来。测量中使用的仪器为选频电平表，选频电平表有两种型号，分别为 HX-D21 型和 YX5014 型，其使用方法见附录 A。

1.3　实验前预习内容

1) 计算重复频率为 500Hz 的方波、三角波的频谱，并画出频谱图。
2) 计算重复频率为 500Hz、脉冲宽度分别为 0.4ms 和 1ms 的对称矩形脉冲的频谱，并画出频谱图。
3) 利用 Matlab 画出频率分别为 10kHz 与 12kHz 的两正弦信号叠加的时域波形图。

1.4　实验原理图

实验原理如图 1.4 所示。

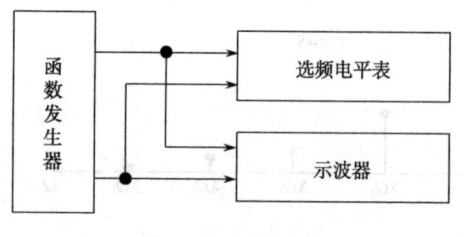

图 1.4　实验原理图

1.5 实验内容及步骤

1. 测试对称方波的频谱

将函数发生器、示波器、选频电平表按图 1.4 连接好；信号源输出 CH1 的输出波形调为方波(P)，输出频率调为 500Hz，输出信号幅度调为 $V_{pp}=10V$；按附录 A 中介绍的选频电平表的使用方法将选频电平表的频率从 200Hz 逐渐提高，测出方波的前九次谐波分量，测量数据填入表 1.1。

表 1.1 对称方波的前九次谐波幅度

$f(n)$									
$\|C_n\|$									

2. 测试三角波的频谱

在实验步骤 1 的基础上，将函数发生器输出 CH1 的输出波形调为三角波(T)，频率为 1000Hz，幅度为 $V_{pp}=10V$；用选频电平表测出前九次谐波分量，将测量数据填入表 1.2。

表 1.2 三角波的前九次谐波幅度

$f(n)$									
$\|C_n\|$									

3. 测试周期矩形脉冲的频谱

1) 将函数发生器的输出线接"脉冲"输出端，信号周期(PP)调为 2ms，脉宽(PW)调为 0.4ms，用选频电平表测出信号的前九次谐波分量，填入表 1.3。

表 1.3 周期矩形脉冲的前九次谐波幅度

$f(n)$									
$\|C_n\|$									

2) 将信号的脉宽(PW)调为 1ms，周期(PP)保持 2ms 不变，测出前九次谐波分量，填入表 1.4，并与 1) 进行比较。

表 1.4 周期矩形脉冲的前九次谐波幅度

$f(n)$									
$\|C_n\|$									

4. 观测两正弦信号叠加后的波形及频谱

将信号源、示波器、选频电平表和实验板按图1.5所示连接好,并将信号源的输出波形均调为正弦波(S)。

1) 将信号源两路输出(CH1,CH2)的频率分别调为10kHz和11.9kHz,信号幅度均调为$V_{pp}=5V$,观测示波器上的输出波形并定性记录,然后测出其频谱,记录测量数据。

2) 将信号源两路(CH1,CH2)的频率差距加大,即分别调为500Hz和10kHz,幅度仍为$V_{pp}=5V$,观测示波器上的输出波形并记录,然后测出其频谱,记录测量数据。

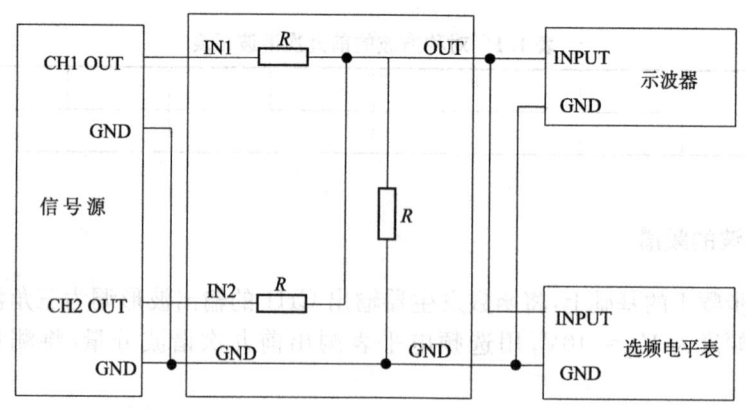

图1.5 正弦信号叠加的原理图

1.6 实验仪器及设备

双踪示波器一台,函数发生器一台,选频电平表一台,实验板一块。

1.7 实验报告要求

1) 叙述实验内容及实验步骤。
2) 整理实验数据,并根据实验数据画出频谱图。
3) 对"1.5 实验内容及步骤"中第3项内容的实验数据进行分析并给出结论。
4) 画出实验中观测到的正弦信号叠加的波形,并将实验波形与仿真波形进行比较。
5) 说明不同频率正弦信号叠加后信号的特点。若输入信号的频率和幅度发生变化,输出波形有何改变?

实验 2 系统频率响应特性的测量

2.1 实验目的

1) 掌握频率响应特性的测量方法。
2) 研究典型网络的频率响应特性。

2.2 实验原理

1) 系统的频率响应特性是指系统在正弦信号激励下,系统的稳态响应随激励信号频率变化的情况,用向量形式表示为

$$H(j\Omega) = \frac{Y(j\Omega)}{X(j\Omega)} = |H(j\Omega)| e^{j\varphi(\Omega)} \tag{2.1}$$

其中:$|H(j\Omega)|$ 为幅频特性,表示输出信号与输入信号的幅度比随输入信号频率变化的关系;$\varphi(\Omega)$ 为相频特性,表示输出信号与输入信号的相位差随输入信号频率变化的关系。

2) $H(j\Omega)$ 可根据系统函数 $H(s)$ 求得:

$$H(j\Omega) = H(s)\big|_{s=j\Omega} \tag{2.2}$$

因此,对于给定的电路,可根据 s 域模型先求出系统函数 $H(s)$,再求 $H(j\Omega)$,然后讨论系统的频响特性。

3) 频响特性的测量可分别测量幅频特性和相频特性:对于一稳定系统,在正弦信号激励下,其稳定响应是与激励信号同频率的正弦信号。若激励信号为 $x(t)=A\sin(\Omega_0 t+\varphi_0)$,则系统的稳态响应为 $y(t)=|H(j\Omega_0)|A\sin(\Omega_0 t+\varphi_0+\varphi(\Omega_0))$。由此可见,响应与激励信号的幅度比就是幅频特性在当前频率下的取值,而响应与激励的相位差则是相频特性在当前频率下的取值;当激励信号的频率 Ω_0 发生变化时,响应的幅度及相位就会随之而改变。因此,幅频特性的测试采用改变激励信号的频率,逐点测出响应的幅度,然后用描图法描出响应与激励的幅度比随频率变化的规律;相频特性的测量方法亦可改变激励信号的频率,用双踪示波器逐点测出输出信号与输入信号的延时 τ,推算出相位差:

$$\varphi(\Omega) = 2\pi \times \frac{\tau}{T} \tag{2.3}$$

当响应超前于激励时,$\varphi(\Omega)$ 为正;当响应落后于激励时,$\varphi(\Omega)$ 为负,然后描出相位差 $\varphi(\Omega)$ 随频率变化的规律。

2.3 实验原理图

图 2.1 中,$R=38\text{k}\Omega$,$C=3900\text{pF}$,方框内为实验板上的电路。

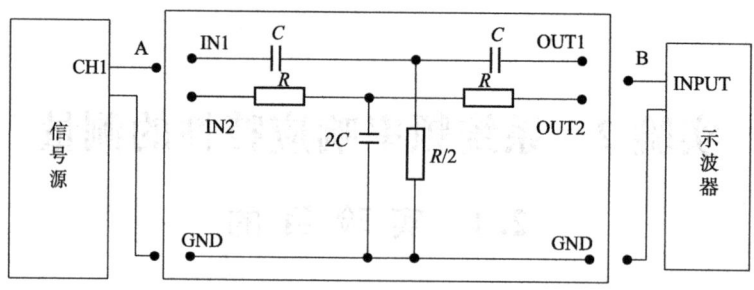

图 2.1 实验原理图

2.4 实验前预习内容

1) 写出原理图中高、低通及并联后滤波器网络的电压转移函数。
2) 利用 Matlab 画出图中高、低通及并联后滤波器网络的幅频特性及相频特性曲线，并计算截止频率。
3) 思考测量输入、输出信号相位差的具体方法。
4) 思考测试频响特性时，测试点频率应如何选取。

2.5 实验内容及步骤

将信号源输出 CH1 的信号波形调为正弦波，信号的幅度调为 $V_{pp}=10V$。

1. RC 高通滤波器的频响特性的测量

将信号源的输出端(A)接实验板的 IN1 端，滤波后的输出信号 OUT1 接示波器的输入端(B)；根据被测电路的参数及系统的幅频特性，将输入信号的频率从低到高逐次改变十次以上（幅度保持 $V_{ipp}=10V$），逐个测量输出信号的峰峰值大小（V_{opp}）及输出信号与输入信号的相位差 $\varphi(\Omega)$，并将测量数据填入表 2.1。

表 2.1 RC 高通滤波器测量数据

V_{ipp}/V	10	10	10	10	10	10	10	10	10	10
f/Hz										
V_{opp}/V										
$\varphi(\Omega)$										

2. RC 低通滤波器的频响特性的测量

将信号源的输出端(A)接实验板的 IN2 端，滤波后的输出信号 OUT2 接示波器的输入端(B)；根据被测电路的参数及系统的幅频特性，将输入信号的频率从低到高逐次改变十次以上(幅度保持 $V_{ipp}=10V$),逐个测量输出信号的峰峰值大小 $V_{opp}(V)$ 及 $\varphi(\Omega)$,并将测量数据填入表 2.2。

表 2.2 RC 低通滤波器测量数据

V_{ipp}/V	10	10	10	10	10	10	10	10	10	10
f/Hz										
V_{opp}/V										
$\varphi(\Omega)$										

3. 双 TRC 带阻滤波器的频响特性的测量

将实验板上的两输入端 IN1 与 IN2 短接,输出端 OUT1 与 OUT2 短接;并将信号源的输出端(A)接实验板输入端(IN1 或 IN2),滤波后的输出端(OUT1 或 OUT2)接示波器的输入端(B)。根据被测电路的参数及系统的幅频特性,将输入信号的频率从低到高逐次改变十次以上(幅度保持 $V_{ipp}=10V$),逐个测量输出信号的峰峰值大小 $V_{opp}(V)$ 及 $\varphi(\Omega)$,并将测量数据填入表 2.3。

表 2.3 双 TRC 带阻滤波器测量数据

V_{ipp}/V	10	10	10	10	10	10	10	10	10	10
f/Hz										
V_{opp}/V										
$\varphi(\Omega)$										

2.6 实验仪器及设备

信号源一台,双踪示波器一台,实验板一块。

2.7 实验报告要求

1) 叙述实验内容及实验步骤。
2) 整理实验数据,并以 $\lg f$ 为横坐标,V_o/V_i 为纵坐标,绘制三种滤波器的幅频特性曲线;以 $\lg f$ 为横坐标,$\varphi(\Omega)$ 为纵坐标,绘制三种滤波器的相频特性曲线。
3) 将实验所得的频率响应特性曲线与仿真图进行比较,并将测得的各滤波器的截止频率与理论值进行比较,分析其结果是否一致;若误差较大则分析误差原因。

实验 3 信号通过线性系统

3.1 实验目的

1) 观察对称方波通过线性系统后波形的失真,了解线性系统的频响特性对信号传输的影响。

2) 测试线性系统的时域特性——阶跃响应。

3.2 实验原理

3.2.1 对称方波通过电路的波形变化

本实验所采用的激励信号为对称方波,此信号具有极丰富的频率分量,当这样的信号通过线性系统时,若系统的频率响应特性不满足无失真传输的条件,那么方波中的某些频率分量必然被抑制,造成输出信号与输入信号的不同(失真)。若系统的频率响应特性不同,则被抑制的频率亦会不同,输出信号的形状亦不相同。

1. 对称方波通过微分电路(高通滤波器)

微分电路如图 3.1 所示,该电路的时间常数 T=RC,若输入的方波的脉宽 τ 远大于电路的时间常数 T,则输出的波形为尖脉冲;若方波的脉宽 τ 远小于电路的时间常数 T,则输出的波形近似方波,如图 3.1 所示。

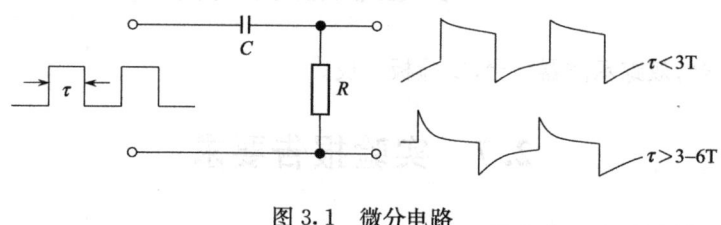

图 3.1 微分电路

从频域角度分析,微分电路实质上是一个高通滤波器,其系统函数为

$$H(s) = \frac{s}{s + \frac{1}{RC}}$$

其截止频率为

$$\Omega_c = \frac{1}{RC}$$

当方波通过高通滤波器时,基波及低次谐波分量将受到衰减,从而产生平顶失真。而

且 RC 越小(截止频率越大),失真越大,即波形越尖;反之波形失真较小,波形较平坦。

2. 对称方波通过积分电路(低通滤波器)

积分电路如图 3.2 所示,该电路的时间常数为 $T=RC$,若输入的方波的脉宽 τ 远大于电路的时间常数 T,则输出的波形近似方波;若方波的脉宽 τ 远小于电路的时间常数 T,则输出的精度大大降低,波形接近三角波,如图 3.2 所示。

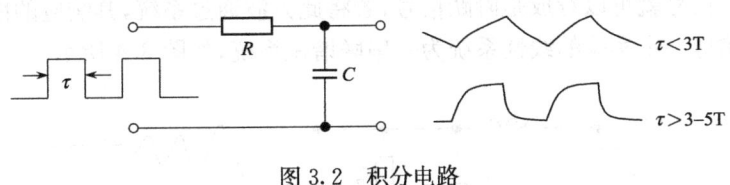

图 3.2 积分电路

同样从频域角度分析,积分电路实质上是一个低通滤波器,其系统函数为

$$H(s) = \frac{1}{RC} \cdot \frac{1}{s + \frac{1}{RC}}$$

其截止频率为

$$\Omega_c = \frac{1}{RC}$$

当方波通过低通滤波器时,高次谐波分量将受到衰减,因而输出信号中只有低频分量,因此输出波形的前沿变倾斜。而且 RC 越大(截止频率越小),前沿倾斜越大,即波形失真越大;反之波形失真较小,波形较接近方波。

3. 对称方波通过 LC 低通滤波器

LC 低通滤波器的电路如图 3.3 所示。

LC 低通滤波器的截止频率为

$$\Omega_c = 2/\sqrt{(L_1+L_2)C}$$

当对称矩形脉冲(方波)通过低通滤波器时,频率高于 f_c 的谐波分量将被截止(或衰减)到达不了输出端,只有 $f<f_c$ 的低频分量可以到达输出端,所以当不同频率的方波通过此滤波器时,

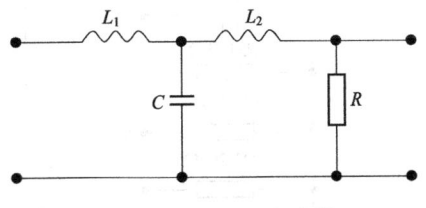

图 3.3 LC 低通滤波器

能通过的频率分量将不同,方波的频率越高,通过的频率分量越少,即失真越大。

(1) 若方波的基波分量 $f_1<f_c$,而三次谐波分量 $f_3>f_c$,则能通过的只有 f_1,即输出端为正弦信号。

(2) 若方波的三次谐波分量 $f_3<f_c$,而五次谐波分量 $f_5>f_c$,则能通过的只有 f_1、f_3,即输出端信号为基次和三次谐波的合成波形。

(3) 若方波的频率 $f \ll f_c$,则通过的谐波分量大大增加,输出波形更接近方波,但此时在波形的前沿将出现一峰值,这就是吉布斯现象。

3.2.2 阶跃响应的观测

阶跃响应是指单位阶跃信号作用下系统的零状态响应。我们用冲激响应和阶跃响应来描述系统的时域特性。由于普通示波器无法捕捉到 $t=0$ 时刻的瞬间跳变,所以我们用方波作为激励信号。只要方波的重复周期 T_1 足够大($T_1\gg$阶跃响应建立的时间 t_r),则方波前半周的信号就可以看成是阶跃信号,若将此方波通过系统,其响应的前半周就可以认为是阶跃响应。本实验的线性系统为一串联谐振系统,如图 3.4 所示。

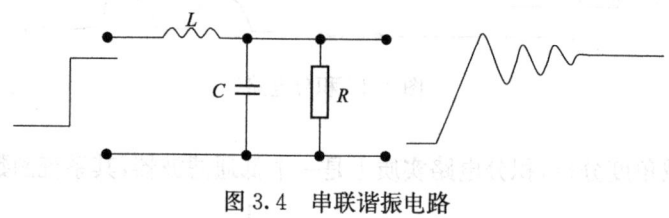

图 3.4 串联谐振电路

当方波加至串联谐振电路时,将引起电路的谐振,振荡的频率 $\Omega_0=1/\sqrt{LC}$,此时只要满足方波的频率 $\Omega_1\ll\Omega_0$,就可以把响应的前半周认为是阶跃响应。

3.3 实验电路图

实验电路如图 3-5 所示。

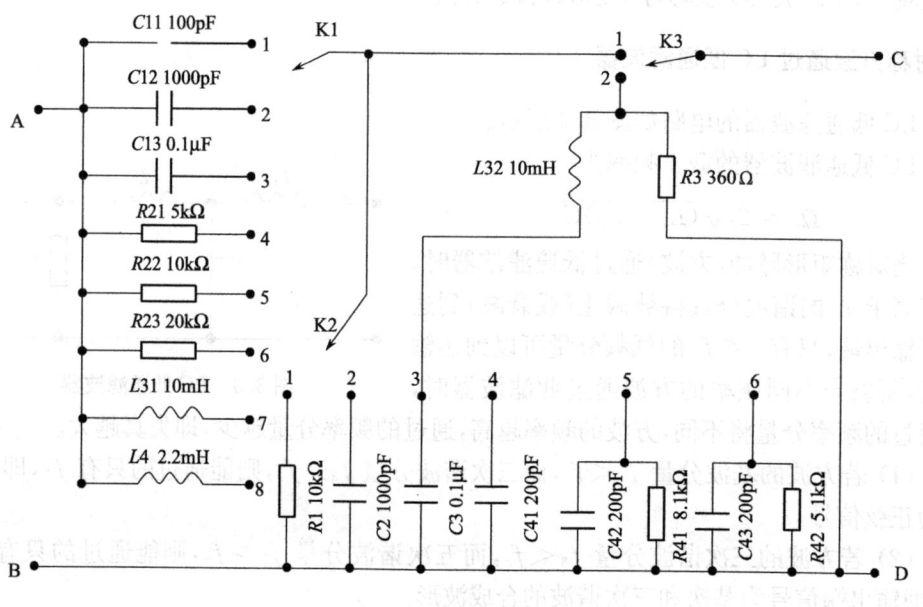

图 3.5 实验电路图

3.4 实验前预习内容

1) 计算微分电路的截止频率($R=10\text{k}\Omega, C=1000\text{pF}$),并画出幅频特性曲线。
2) 计算积分电路的截止频率($R=20\text{k}\Omega, C=1000\text{pF}$),并画出幅频特性曲线。
3) 计算 LC 低通滤波器的截止频率($L=10\text{mH}, C=0.1\mu\text{F}$)。
4) 用 Matlab 画出图 3.4 所示串联谐振电路的阶跃响应图形。

3.5 实验内容及步骤

将函数发生器的输出 CH1 输出波形调为方波,频率调为 10kHz,幅度调为 $V_{pp}=5\text{V}$,并将此方波接图 3.5 中的 A、B 两点,示波器接图 3.5 中的输出端 C、D 两点。

1) 将电路接成微分电路,观察并记录波形

将图 3.5 所示的实验电路中的 K2 置于 1,K3 置于 1,K1 分别置于 1、2、3,观察并记录波形。计算时间常数 $T=RC$ 的值,与方波的脉宽 τ 进行比较,说明时间常数 T 的变化对输出波形的影响;并从频域的角度(系统的频率特性)分析输出波形产生平顶失真的原因。

2) 将电路接成积分电路,观察并记录波形

将图 3.5 所示的实验电路中的 K2 置于 2,K3 置于 1,K1 分别置于 4、5、6,观察并记录波形。计算时间常数 $T=RC$ 的值,与方波的脉宽 τ 进行比较,说明时间常数 T 的变化对输出波形的影响;并从频域的角度(系统的频率特性)分析输出波形产生平顶失真的原因。

3) 将电路接成 LC 低通滤波器,观察并记录波形

将图 3.5 所示的实验电路中的 K1 置于 7,K2 置于 3,K3 置于 2,观察并记录波形。然后改变信号源的频率 f 使之分别满足下面三个条件:① $f<f_c<3f$;② $3f<f_c<5f$;③ $f\ll f_c$ ($f_c=7.1\text{kHz}$);分别记录三种情况下的输出波形,并从频域角度进行解释。

4) 将电路接成串联谐振回路,观察阶跃响应波形并记录

首先将函数发生器的频率调回 10kHz,图 3.5 所示电路中的 K1 置于 8,K3 置于 1,K2 分别置于 4、5、6,观察电路在不同损耗电阻值时的阶跃响应波形并记录。

3.6 实验仪器及设备

双踪示波器一台,函数发生器一台,实验板一块。

3.7 实验报告要求

1) 叙述实验内容及实验步骤。
2) 详细画出"3.5 实验内容及步骤"中第 1 到第 3 项内容中要求记录的波形,并对所

得波形进行相应的理论解释。

3）在"3.5 实验内容及步骤"中第 3 项内容中，比较满足同一条件时信号频率取得较低和相对较高时的两种输出波形。

4）实验中的 LC 低通滤波器的过渡带宽如何确定？

5）画出"3.5 实验内容及步骤"中第 4 项内容中观察到的不同损耗时的波形，并说明电路中的电阻 R 对输出波形有何影响。

6）将"3.5 实验内容及步骤"中第 4 项内容中观察到的输出波形的前半周与仿真的阶跃响应波形进行比较。

实验 4 信号的采样和采样定理

4.1 实验目的

1) 掌握对连续时间信号进行采样的方法,了解采样信号的频谱的特点。
2) 验证采样定理。

4.2 实验原理

1) 所谓采样信号是对连续时间信号每隔一定的时间抽取一次函数值而组成的一离散时间信号,采样信号 $f_s(t)$ 可以表示成连续时间信号 $f(t)$ 与采样脉冲序列 $p(t)$ 的乘积,即

$$f_s(t) = f(t) \cdot p(t)$$

若采样脉冲序列 $p(t)$ 是以 T_s 为周期的窄脉冲串,称为脉冲采样,T_s 的倒数 f_s 为采样频率。$f_s(t)$、$f(t)$、$p(t)$ 的波形如图 4.1 所示。

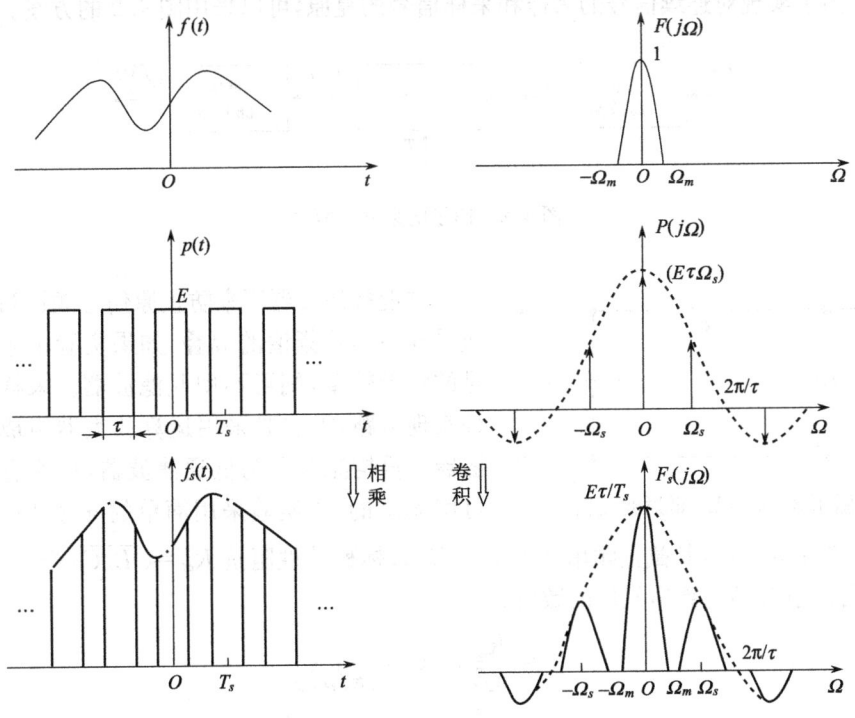

图 4.1 矩形脉冲采样信号的频谱

如连续信号的频谱为 $F(j\Omega)$，则采样信号的频谱为 $F_s(j\Omega)$，其波形也如图 4.1 所示，其表达式为

$$F_s(j\Omega) = \sum_{n=-\infty}^{+\infty} P_n F(j(\Omega - n\Omega_s)) \tag{4.1}$$

式(4.1)表明，采样信号的频谱 $F_s(j\Omega)$ 可以看成由采样信号的频谱 $F(j\Omega)$ 以采样频率 Ω_s 为间隔周期延拓而得到的，在周期延拓过程中幅度被 P_n 加权。当采样脉冲 $p(t)$ 是周期矩形脉冲时，采样信号的频谱为

$$F_s(j\Omega) = \frac{E\tau}{T} \sum_{n=-\infty}^{+\infty} \mathrm{Sa}\left(\frac{n\Omega\tau}{2}\right) F(j(\Omega - n\Omega_s)) \tag{4.2}$$

2) 采样信号在一定的条件下可以恢复出原信号。由采样定理可知，要恢复出原信号，首先必须满足 $f_s \geqslant 2f_m$，其中：f_s 为采样频率，f_m 为原信号的最高频率分量。在此前提下，用一截止频率为 f_c 的低通滤波器滤除采样信号中的高频分量则可得到原信号。其中：

$$f_m \leqslant f_c \leqslant f_s - f_m$$

当采样频率不满足采样定理，即 $f_s < 2f_m$ 时，采样信号的频谱会发生混叠，原信号无法恢复。

然而，仅包含有限频率的信号极少，而包含较多频率的信号即使在满足采样定理时，恢复后发生失真亦是难免的。

3) 为了实现对连续信号的采样和采样信号的复原，可以采用图 4.2 的方案。

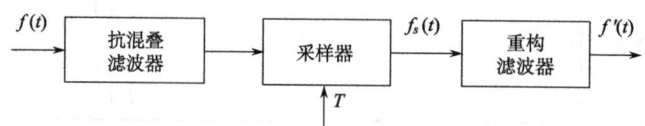

图 4.2　信号的采样与复原

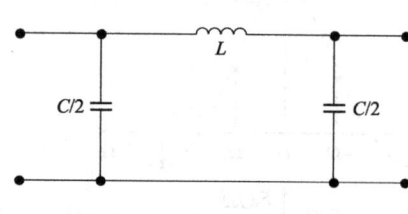

图 4.3　π 型 LC 低通滤波器

抗混叠滤波器用来防止原信号频谱过宽而造成采样后信号频谱的混叠，如果实验中采用的信号的频带较窄，则可不用此滤波器。采样器有多种实现电路，本实验采用运算放大器组成模拟乘法器。重构滤波器为低通滤波器，可用有源的也可用无源的，本实验采用简单的 π 型 LC 低通滤波器，如图 4.3 所示，其截止频率 $f_c = 1/\pi\sqrt{LC}$，标称特性阻抗 $R_{ld} = \sqrt{L/C}$，若给定 R_{ld} 和 f_c，就可按式(4.3)计算出元件的数值：

$$L = \frac{R_{ld}}{\pi f_c}, \quad C = \frac{1}{\pi f_c R_{ld}} \tag{4.3}$$

4.3 实验前预习内容

1) 若连续时间信号是频率为 5kHz 的正弦波,采样脉冲 $p(t)$ 为 $T_s=40\mu s$ 的窄脉冲,试求出采样信号 $f_s(t)$ 的频谱。

2) 设计一 π 型低通滤波器,截止频率为 5kHz,R_{ld} 为 2kΩ。

3) 若连续时间信号是频率为 1kHz 的三角波,估算其有效的频带宽度。该信号经重复频率为 f_s 的周期脉冲采样后,若希望通过低通滤波器后的信号失真较小,则采样频率和低通滤波器的截止频率应分别取多少?试设计满足上述要求的低通滤波器。

4.4 实验原理图

实验原理如图 4.4 所示。

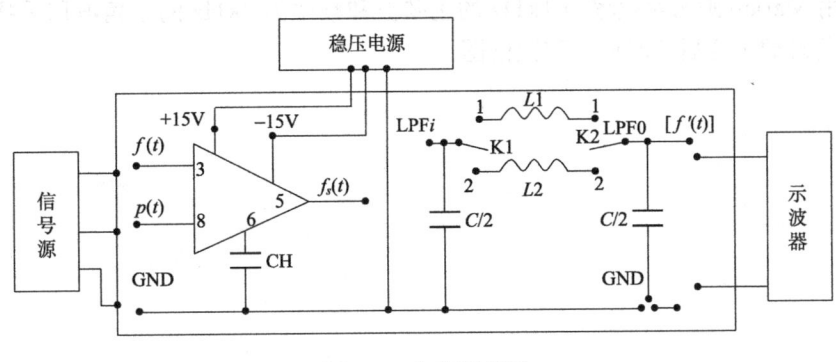

图 4.4 实验原理图

4.5 实 验 内 容

1) 观察采样信号的波形

(1) 将信号源的一路输出调为三角波,频率调为 500Hz 作为被采样信号,另一路调为窄脉冲,频率调为 1kHz 作为采样脉冲。

(2) 按原理图 4.4 所示,将两路信号分别加到实验板上的 $f(t)$ 和 $p(t)$ 端,用示波器同时观察 $f(t)$ 和 $f_s(t)$ 的波形。

(3) 将窄脉冲的频率(采样频率)改变为 3kHz、6kHz,再次观察 $f(t)$ 和 $f_s(t)$ 的波形。

2) 验证采样定理与信号恢复

首先将原理图 4.4 中的开关 K1、K2 接 1,然后进行下面的操作:

(1) 将信号源输出的三角波频率调为 1kHz,采样频率调为 3kHz,并将采样信号 $f_s(t)$ 接低通滤波器的输入端(LPFi),示波器接低通滤波器的输出端(LPF0),观察恢复后的波形。

(2) 将采样频率调为 6kHz，其他条件不变，观察恢复后的波形。
(3) 将采样频率调为 12kHz，其他条件不变，观察恢复后的波形。
将原理图 4.4 中的开关 K1、K2 接 2，然后重复(1)~(3)的操作。

4.6 实 验 设 备

双踪示波器一台，函数发生器一台，稳压电源一台，实验板一块。

4.7 实验报告要求

1) 绘出"4.5 实验内容"1)中的 $f(t)$ 和 $f_s(t)$ 的波形。
2) 绘出"4.5 实验内容"2)中三种不同采样频率下的 $f(t)$ 和 $f'(t)$ 的波形，比较后得出结论。
3) 用 Matlab 画出对频率为 1kHz 的正弦波和频率为 3kHz 的三角波用采样频率为 6kHz 进行理想采样后的时域图和频谱图。

实验 5　通用 DSP 实现 IIR 滤波器

5.1　实验目的

1) 了解用数字滤波器实现模拟信号滤波的全过程。
2) 了解数字滤波器的实现方法及各个组成部分的功能和电路原理。
3) 了解 IIR 滤波器的频率特性,了解采样频率的变化对整个系统频率特性的影响。

5.2　实验原理

数字滤波器的功能是将一组输入数字序列(信号)通过一定的运算后转变成另一组数字序列(信号)输出,其输入、输出均为数字序列(信号)。若要用数字滤波器对模拟信号进行滤波,则必须配接相应的 A/D、D/A 转换器,以保护、恢复滤波器。本实验用 IIR 滤波器实现对模拟信号的滤波,其原理如图 5.1 所示。

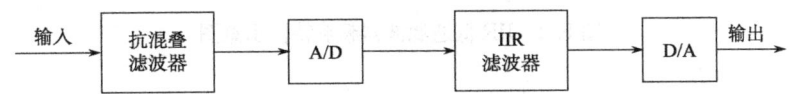

图 5.1　数字滤波器对模拟信号滤波的原理图

数字滤波器是数字信号处理中的一个重要的、常用的部分。数字滤波器的实现方法当然和众多数字信号处理的实现方法一样,大致有软件实现法、专用硬件实现法和通用可编程硬件实现法。软件实现法是在通用计算机上通过编程对输入信号进行处理,此方法经济但不能用于对信号的实时处理;专用硬件实现法是针对某一种或几种处理任务专门设计的处理器或芯片,虽可用于实时处理但针对性较强,不能通用;而通用的数字信号处理器则是既可实现实时处理,又可以通过编程灵活完成各种数字信号处理的任务,是目前广泛使用的一种方法。本实验正是在以通用数字处理器(DSP)为核心设计的数字信号处理平台上实现 IIR(无限长单位脉冲响应)滤波器,并利用 IIR 滤波器对模拟信号进行滤波。

本实验使用的数字信号处理器为单片式数字信号处理器,选用的是 TI(Texas Instruments,德州仪器)公司的 TMS320F2812,该芯片为哈佛结构的 32 位定点 DSP,TMS320F2812 内部有一个 16 通道、采样精度为 12bit 的 ADC 模块,可通过编程对采样频率进行控制。D/A 转换器使用的是 AD768,该芯片是一个 16bit 模数转换器,且增益可调。

IIR 滤波器为无限长单位脉冲响应数字滤波器,其传递函数为

$$H(z) = \frac{\sum_{r=0}^{M} b_r z^{-r}}{\sum_{m=0}^{N} a_m z^{-m}} \tag{5.1}$$

在本实验中,我们实现一个 50 阶的 IIR 滤波器,其低通、高通、带通的频响特性分别如图 5.2～图 5.4 所示。

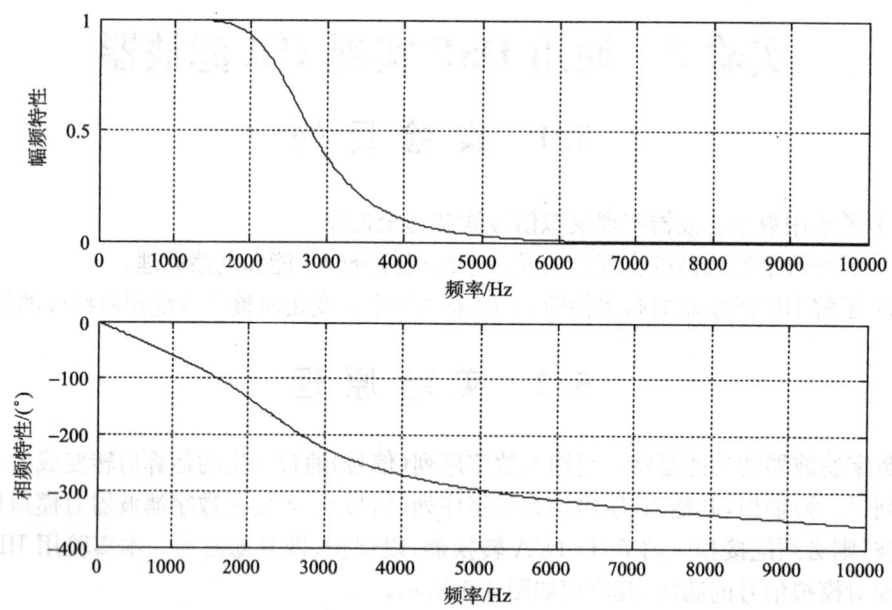

图 5.2　IIR 低通滤波器频响特性示意图

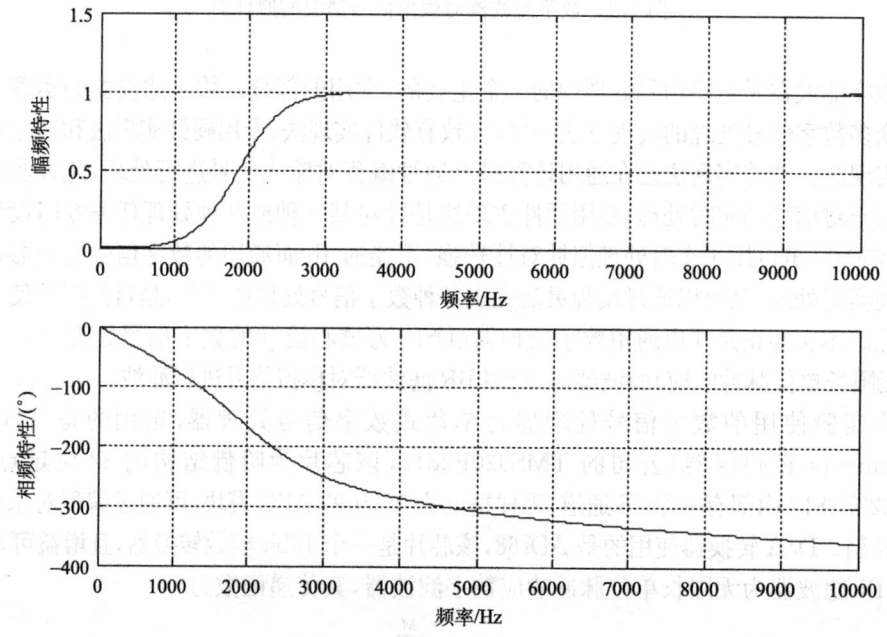

图 5.3　IIR 高通滤波器频响特性示意图

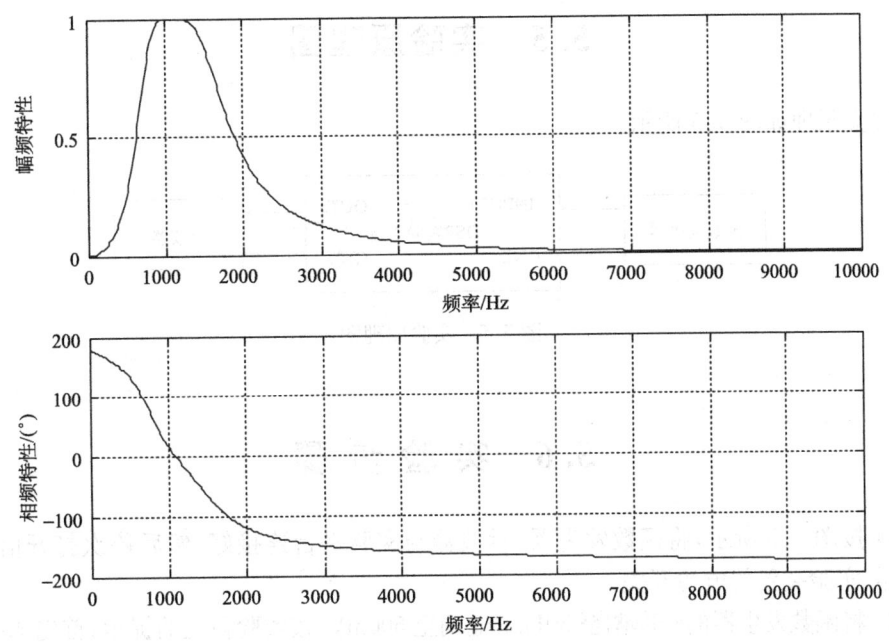

图 5.4　IIR 带通滤波器频响特性示意图

实验中数字滤波器选用级联型的结构。

5.3　实验仪器及设备

稳压电源一台,双踪示波器一台,函数发生器一台,计算机一台,仿真器一台,DSP 实验教学平台一套。

5.4　实验预习要求

1) 认真复习采样定理、IIR 滤波器的结构以及 A/D、D/A 转换器等有关内容,阅读 TMS320F2812 的有关知识及实验原理、实验所用其他器件的性能和使用方法。

2) 用脉冲响应不变法设计一巴特沃思数字低通滤波器,其通带边界频率为 2.5kHz,阻带边界频率为 3.5kHz,采样频率为 20kHz,通带内最大衰减为 0.3dB,阻带内最小衰减为 40dB,计算滤波器的系统函数并绘制频率响应特性曲线。

3) 用双线性不变法设计一切比雪夫 II 型高通数字滤波器,其通带边界频率为 2kHz,阻带边界频率为 1.5kHz,采样频率为 20kHz,通带内最大衰减为 0.3dB,阻带内最小衰减为 20dB,计算滤波器的系统函数并绘制频率响应特性曲线。

5.5 实验原理图

实验原理如图 5.5 所示。

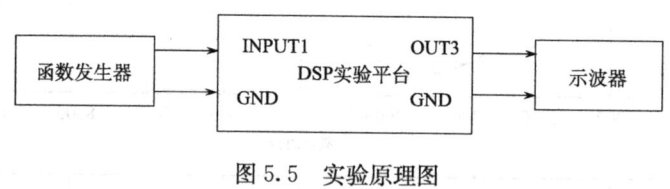

图 5.5 实验原理图

5.6 实验步骤

1) 按图 5.5 所示，将函数发生器、示波器与实验平台连接好，然后依次打开信号源、示波器、实验装置的电源开关。

2) 将函数发生器的频率调至 50Hz，V_{pp} 调至 500mV，按实验箱上的提示，首先选择 1 键 ($f_s=20$kHz)，实验目录出现之后，再选择 2 键(IIR)，最后再次选择 1 键(低通：$\omega_n=0.3$)。

3) 观察示波器上的输出信号。将信号源的频率从 50Hz 逐渐提高，观察示波器上的输出信号幅度的变化规律并作记录(记录点数不得少于 10 点)，记下系统的 f_c。

4) 低通数据测量结束后，按 6 键返回，重新选择 1 键($f_s=20$kHz)，再选择 2 键 (IIR)，然后再次选择 2 键(高通：$\omega_n=0.2$)。

5) 重复步骤 3)的操作，测量高通滤波器的频响特性。

6) 高通数据测量结束后，按 6 键返回，然后选择 2 键($f_s=27.9$kHz)，再次选择 2 键 (IIR)，最后选择 1 键(低通：$\omega_n=0.3$)。

7) 重复步骤 3)的操作，测量不同采样频率下低通滤波器的频响特性。

8) 低通数据测量结束后，按 6 键返回，重新选择 2 键($f_s=27.9$kHz)，实验目录出现之后，再次选择 2 键(IIR)，最后再次选择 2 键(高通：$\omega_n=0.2$)。

9) 重复步骤 3)的操作，测量不同采样频率下高通滤波器的频响特性。

5.7 实验报告要求

1) 写明实验目的、实验原理、实验内容及步骤。

2) 整理实验数据，在坐标纸上分别画出所测系统的幅频特性曲线，比较所测各种滤波器带宽与理论带宽的误差。

3) 比较相同 Ω_n、不同采样频率下实验所得同种滤波器的带宽，得出滤波器带宽与采样频率之间的关系。

4) 将预习中设计的滤波器频响特性与实验结果画出的频响特性进行比较。

实验 6　通用 DSP 实现 FIR 滤波器

6.1　实验目的

1) 了解 FIR 滤波器的 DSP 实现方法。
2) 了解用 FIR 滤波器实现模拟信号滤波的全过程。
3) 掌握 FIR 滤波器的窗函数设计法。

6.2　实验原理

FIR 滤波器是有限长单位脉冲响应数字滤波器,其系统函数一般形式为

$$H(z) = \sum_{n=0}^{N-1} h[n] z^{-n} \tag{6.1}$$

FIR 滤波器的通用 DSP 实现法与前面介绍的 IIR 滤波器结构的实现方法类似,本实验用 FIR 滤波器对模拟信号进行滤波,其原理如图 6.1 所示。

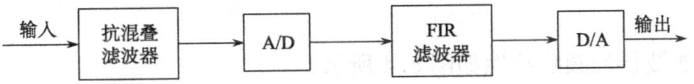

图 6.1　FIR 滤波器对模拟信号滤波的原理图

本实验中在以通用 DSP(TMS320F2812)为核心的 DSP 平台上,采用窗函数设计法分别设计了 50 阶的低通、高通、带通 FIR 滤波器,其频响特性分别如图 6.2～图 6.4 所示。

(1) 低通滤波器的频响特性如图 6.2 所示。

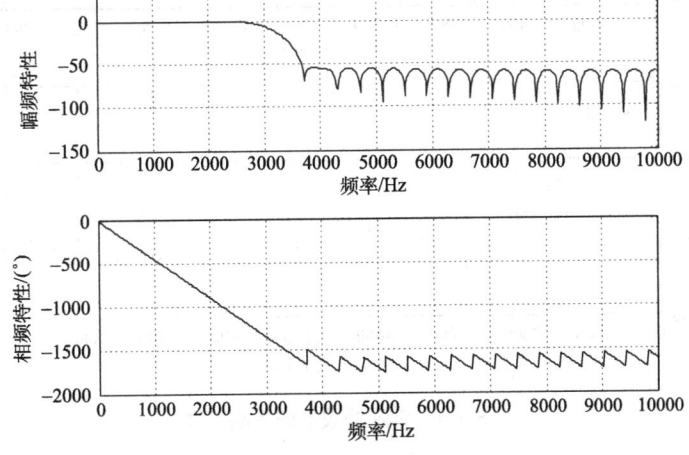

图 6.2　低通滤波器的频响特性

(2) 高通滤波器的频响特性如图 6.3 所示。

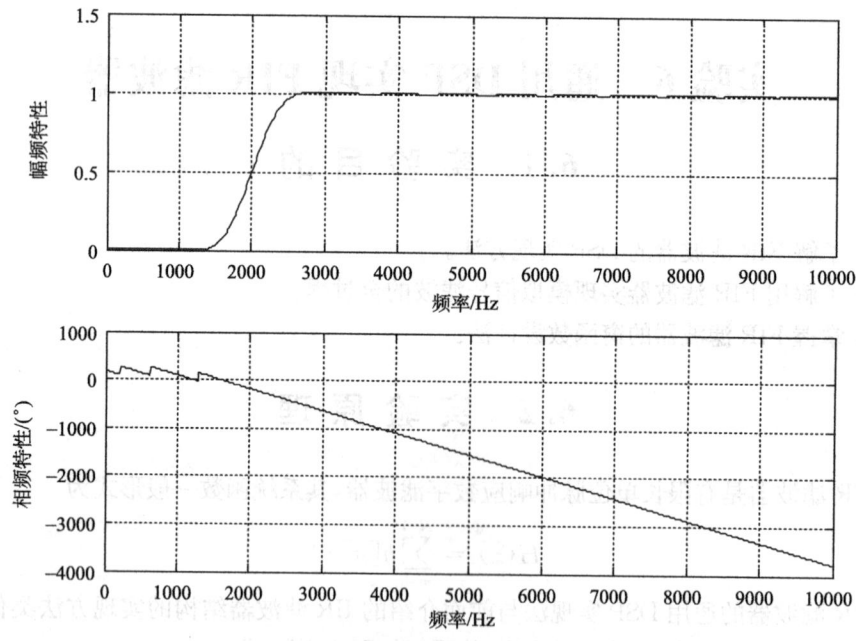

图 6.3 高通滤波器的频响特性

(3) 带通滤波器的频响特性如图 6.4 所示。

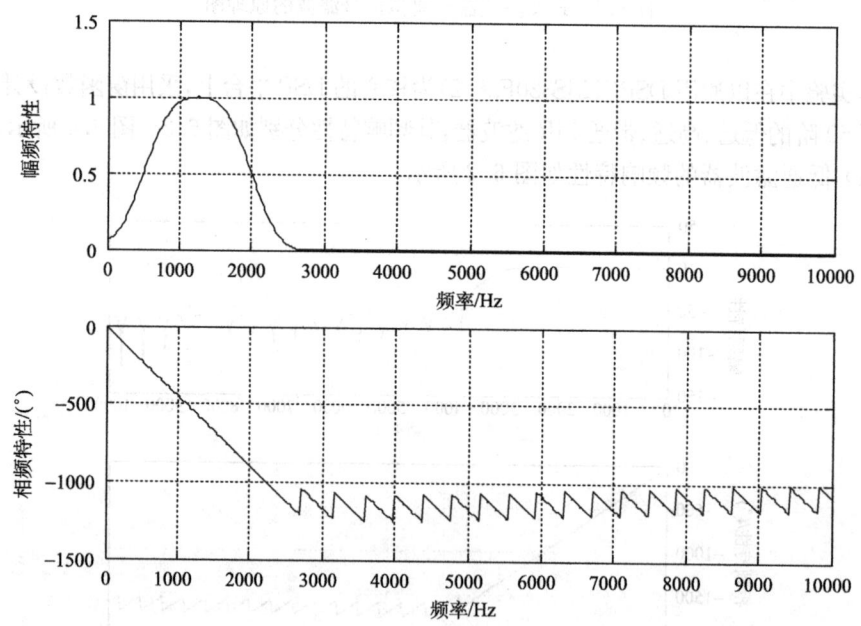

图 6.4 带通滤波器的频响特性

6.3 实 验 仪 器

稳压电源一台,双踪示波器一台,信号源一台,计算机一台,仿真器一台,DSP 实验教学平台一套。

6.4 实验预习要求

1) 用矩形窗、汉宁窗、汉明窗分别设计一 FIR 低通滤波器,采样频率为 20kHz,数字滤波器的截止频率为 2.5kHz,滤波器的阶数为 50,绘制频率响应特性曲线。

2) 用矩形窗、汉宁窗、汉明窗分别设计一 FIR 高通滤波器,采样频率为 27.9kHz,数字滤波器的截止频率为 2.3kHz,滤波器的阶数为 50,绘制频率响应特性曲线。

6.5 实验原理图

实验原理如图 6.5 所示。

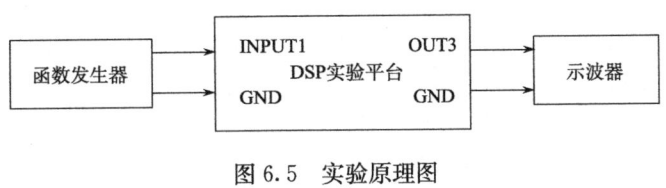

图 6.5 实验原理图

6.6 实 验 步 骤

1) 按图 6.5 所示,将函数发生器、示波器与实验平台连接好,然后依次打开信号源、示波器、实验装置的电源开关。

2) 将信号源的频率调至 50Hz,V_{pp} 调至 500mV,按实验平台上的提示,首先选择 1 键(f_s=20kHz),实验目录出现之后,再次选择 1 键(FIR),最后选择 1 键(低通:ω_n=0.3)。

3) 观察示波器上的输出信号。将信号源的频率从 50Hz 逐渐提高,观察示波器上的输出信号幅度的变化规律并作记录(记录点数不得少于 10 点),记下系统的 f_c。

4) 低通数据测量结束后,按 6 键返回,重新选择 1 键(f_s=20kHz),实验目录出现后,再次选择 1 键(FIR),最后选择 3 键(带通:ω_n=0.05~0.2)。

5) 重复步骤 3)的操作,测量带通滤波器的频响特性。

6) 带通数据测量结束后,按 6 键返回,然后选择 2 键(f_s=27.9kHz),实验目录出现后,再次选择 1 键(FIR),最后再次选择 1 键(低通:ω_n=0.3)。

7) 重复步骤 3)的操作,测量不同采样频率下低通滤波器的频响特性。

8) 低通数据测量结束后,按 6 键返回,重新选择 2 键(f_s=27.9kHz),实验目录出现后,再次选择1键(FIR),最后选择3键(带通:$\omega_n=0.05\sim0.2$)。

9) 重复步骤3)的操作,测量不同采样频率下带通滤波器的频响特性。

6.7 实验报告

1) 写明实验目的、实验原理、实验内容及步骤。

2) 整理实验数据,在坐标纸上分别画出所测系统的频响特性曲线,比较所测各种滤波器带宽与理论带宽的误差。

3) 比较相同ω_n、不同采样频率下实验所得同种滤波器的带宽,得出滤波器带宽与采样频率之间的关系。

4) 将预习中设计的滤波器频响特性与实验结果画出的频响特性进行比较。

实验 7 FIR 滤波器结构的实现

7.1 实验目的

1) 了解 FIR 滤波器的微处理器实现方法。
2) 进一步了解用数字滤波器实现模拟信号滤波的过程中,保护滤波器及恢复滤波器的作用。

7.2 实验原理

在本实验中,FIR 滤波器的硬件实现方法是指以单片机为核心,加上外扩展的存储单元及其他电路来实现 FIR 的滤波运算,我们实现的是一个 4 阶的 FIR 滤波器,选用的是横截型的结构,其结构如图 7.1 所示。

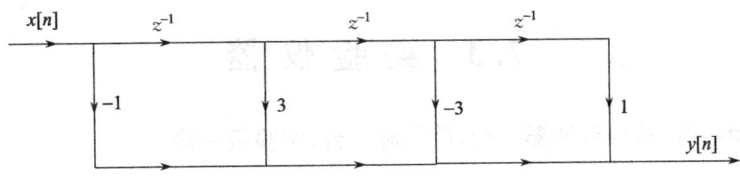

图 7.1 FIR 滤波器横截型结构

其传递函数为

$$H(z) = -1 + 3z^{-1} - 3z^{-2} + z^{-3}$$

本实验中用该 FIR 滤波器对输入的模拟信号进行滤波,其原理如图 7.2 所示。

图 7.2 FIR 滤波器处理模拟信号的原理图

该滤波器为 4 阶反对称(Ⅳ)型 FIR 滤波器,其频响特性如图 7.3 所示。
实验中使用的 A/D 转换器为 TLC1551,采样频率为 39kHz,D/A 转换器为 AD7840。

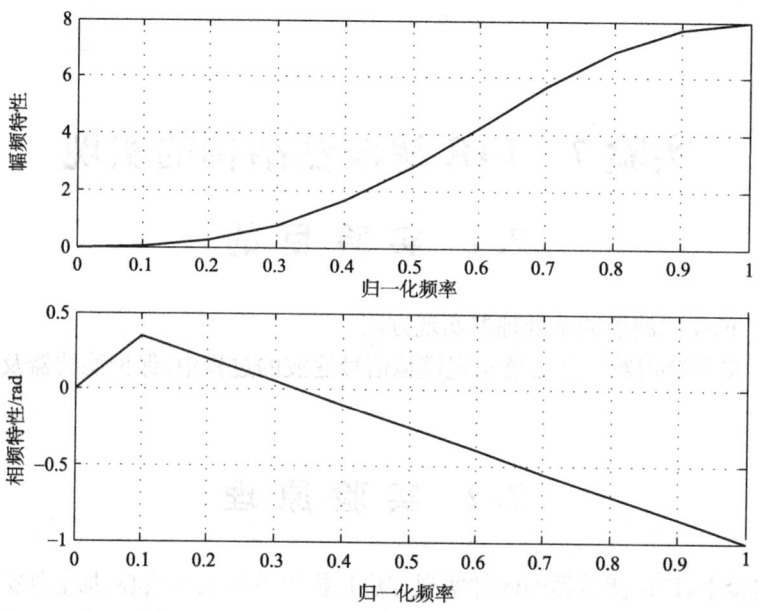

图 7.3　4 阶反对称(Ⅳ)型 FIR 滤波器频响特性

7.3　实验仪器

稳压电源一台,双踪示波器一台,信号源一台,实验板一块。

7.4　实验原理图

实验原理如图 7.4 所示。

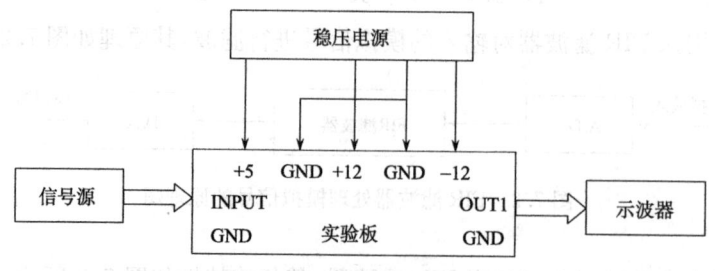

图 7.4　实验原理图

7.5　实验步骤

1) 绘制给定的 FIR 滤波器的理论频响特性曲线。

2) 按图 7.4 所示,将信号源、稳压电源、示波器和实验板连接好,然后依次打开稳压电源、信号源、示波器的电源开关。

3) 将信号源的频率调至 1kHz,幅度调至 500mV,观察示波器上的输出信号的波形及幅度。将信号源的频率在 1k~19.5kHz 内逐渐提高,观察示波器上的输出信号幅度的变化规律并作记录(记录点数不得少于 10 点),记下系统的 f_c。

4) 改变 FIR 滤波器的传递函数的系数 $h[0],h[1],\cdots,h[N-1]$,重复步骤 2)。

7.6 实验报告

1) 写明实验原理、内容及步骤。
2) 整理实验数据并画出系统的幅频特性曲线,并与理论值进行比较。
3) 比较实验 6 和实验 7 中 FIR 滤波器对模拟信号滤波的原理图(图 6.1 和图 7.2),说明两者有何不同以及对实验结果(波形及幅度)有何影响。

实验 8　FFT 分析信号频谱

8.1　实　验　目　的

1) 通过本实验加深对 DFT、FFT 等有关知识的理解。
2) 熟悉应用 FFT 对信号进行频谱分析的方法。
3) 了解应用 FFT 进行频谱分析过程中可能出现的现象,以便在实际中正确应用。
4) 了解基于 DSP 实验平台,通过编制 FFT 的汇编程序实现信号频谱分析的方法。

8.2　实　验　原　理

FFT 是快速傅里叶变换的简称,是为减少 DFT 计算次数的一种快速有效的算法。而 DFT 则是将一组以时间为自变量的"信号"变换为一组以频率为自变量的"频谱"函数。

由傅里叶变换理论可知,若信号为有限长,则其频谱无限宽;若信号的频谱为有限宽,则其持续时间无限长。为了能满足 DFT 的变换条件,对于频谱很宽的信号,可用前置滤波器滤除幅度较小的高频分量;对于持续时间很长的信号,采样点数太多,无法存储和运算,只能截取有限列长进行 DFT。

因此,对信号进行 DFT 处理将可能产生下列现象:混叠现象、栅栏效应、频谱泄漏。

（1）混叠现象:因输入信号频率与采样频率间不满足采样定理而产生,可用前置滤波器滤除幅度较小的高频分量来解决。

（2）栅栏效应:用 DFT 计算频谱只限制为基频的整数倍,而不可能将频谱视为一连续函数,从而产生栅栏效应,就好像通过一个"栅栏"来观看一个图像一样,只能在离散点的地方看到真实图像。减少栅栏效应的一个方法就是在原记录的末端添加零值点使谱线的密度增加。

（3）频谱泄漏:实际工作中往往需要把信号的观察时间限制在一定的时间间隔内,因此需将信号截断,而截断的过程就相当于将信号乘以窗函数,使其频谱分量从正常频谱扩展开来。又若周期信号的频率 f_1 与采样频率 f_s 之间不满足关系式(8.1),频域离散后时域周期延拓将造成时域信号失真。

$$f_1 = K(f_s/N) = K/NT_s, NT_s/T_1 = K \tag{8.1}$$

其中:K 为正整数,说明在处理长度 NT_s 内有信号的 K 个整周期。频谱泄漏可以通过窗函数加权技术进行抑制。

本实验 DSP 平台上,通过编制 FFT 的汇编程序,实现信号的频谱分析,用 FFT 对模拟信号进行频谱分析的原理如图 8.1 所示。

图 8.1 中使用的 DSP 芯片为 TMS320F2812,A/D 是 TMS320F2812 内部集成的一个 16 通道、采样精度为 12bit 的 ADC 模块,可通过编程对采样频率进行控制。D/A 转换器使用的是 AD768,该芯片是一个 16bit 模数转换器,且增益可调,EPLD 为可编程逻辑

器,用于产生逻辑控制信号。

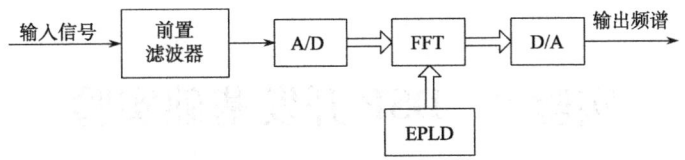

图 8.1　FFT 对模拟信号进行频谱分析的原理图

8.3　实　验　仪　器

信号源一台,双踪示波器一台,稳压电源一台,计算机一台,实验教学平台一套。

8.4　实验原理图

实验原理如图 8.2 所示。

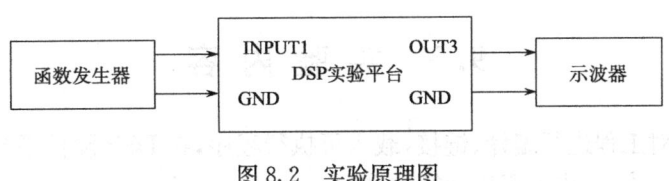

图 8.2　实验原理图

8.5　实验内容及步骤

1) 按图 8.2 所示的实验原理图将函数发生器、实验平台和示波器连接好,然后依次打开函数发生器、示波器、实验平台的电源开关。
2) 将函数发生器的频率调至 1kHz,V_{pp} 调至 800mV,波形调为正弦波。
3) 按实验平台上的提示选择按 2 键(f_s=27.9kHz),然后选择按 3 键(FFT)。
4) 观察示波器上的频谱并记录,在 1k~13kHz 每间隔 1kHz 调一次频率。
5) 将信号源的波形调为方波,重复步骤 3)的操作。

8.6　实　验　报　告

1) 写明实验原理、内容及步骤。
2) 整理实验数据并画出对应的频谱图,并与理论上的结论进行比较,看是否相符合。
3) 实验中观察到了哪些现象?试用理论解释观察到的现象。
4) 用 Matlab 仿真说明,在对周期的连续时间信号进行 FFT 分析时,其截取长度与频谱泄漏的关系。
5) 用 Matlab 仿真说明:FFT 分析信号频谱时通过减小栅栏效应并不能提高频率分辨率。

实验 9 DSP 开发基础实验

9.1 实验目的

1) 了解 DSP 开发系统的基本配置。
2) 熟悉 DSP 集成开发环境(CCS)。
3) 掌握 C 语言开发的基本流程。
4) 熟悉代码调试的基本方法。

9.2 实验仪器

计算机, C2000 DSP 教学实验箱, XDS510 USB 仿真器。

9.3 实验内容

建立工程, 对工程进行编译、链接, 载入可执行程序, 在 DSP 硬件平台上进行实时调试, 利用代码调试工具, 查看程序运行结果。

9.4 实验准备

CCS 2(C2000)这一集成开发环境不仅支持汇编的编译、链接, 还支持对 C/C++汇编、编译、链接以及优化。同时, 强大的 IDE(Integrated Development Environment, 集成开发环境)也为代码的调试提供了强大的功能支持, 已经成为 TI 公司 DSP 系列的程序设计、制作、调试、优化的主流工具。

TMS320C28x 软件开发流程如图 9.1 所示。

下面简单介绍各主要模块功能:

1) C/C++Compiler(C/C++编译器)

C/C++编译器把 C/C++程序自动转换成 C28x 的汇编语言源程序。这种转换并非一一对应, 甚至会产生冗余的汇编代码, 在某些场合需要使用优化器(Optimizer)来提高转换的效率, 使得汇编代码长度尽可能短小、程序所使用的资源尽可能少。优化器是编译器的一部分。

2) Assembler(汇编器)

汇编器负责将汇编源程序转换为符合公共目标格式(COFF)的机器目标代码, 这种转换是一一对应的, 每一条汇编指令都对应了唯一的机器代码。源文件中还包括汇编指令、伪指令和宏指令。

3) Linker(链接器)

链接器负责把可重定位的多个目标文件和目标库文件转换为一个 DSP 可执行程序。链接器必须依赖配置命令文件(CMD)的指令,实现对目标文件中各段的定位。

4) Run-time-support Library(运行支持库)

用 C/C++语言编写的 DSP 程序中,某些功能(如存储器的寻址定位、字符串转换等)并不属于 C/C++语言所能描述对象,而包含在 C/C++编译器中的运行支持库却可以很好地支持这些算法的标准 ANSI/ISO C 函数描述。函数运行支持库包含 ANSI/ISO C 的标准运行支持库函数、编译器功能函数、浮点算术函数和系统初始化子程序(这些函数都集成在汇编源文件 rts. src 中)。在对 C/C++编写的 DSP 程序进行链接时,必须根据不同型号的 DSP 芯片添加相应的运行支持库到工程中。除此之外,在使用运行支持库中的函数时,必须在程序起始处 include 语句包含相应的头文件(如使用数学运算 sin、cos 时,必须包含 math. h)。而采用汇编语言编写程序时,却不需要这个运行支持库。因此,C 语言编写的 DSP 程序链接后,会产生大量的"冗余"汇编程序。

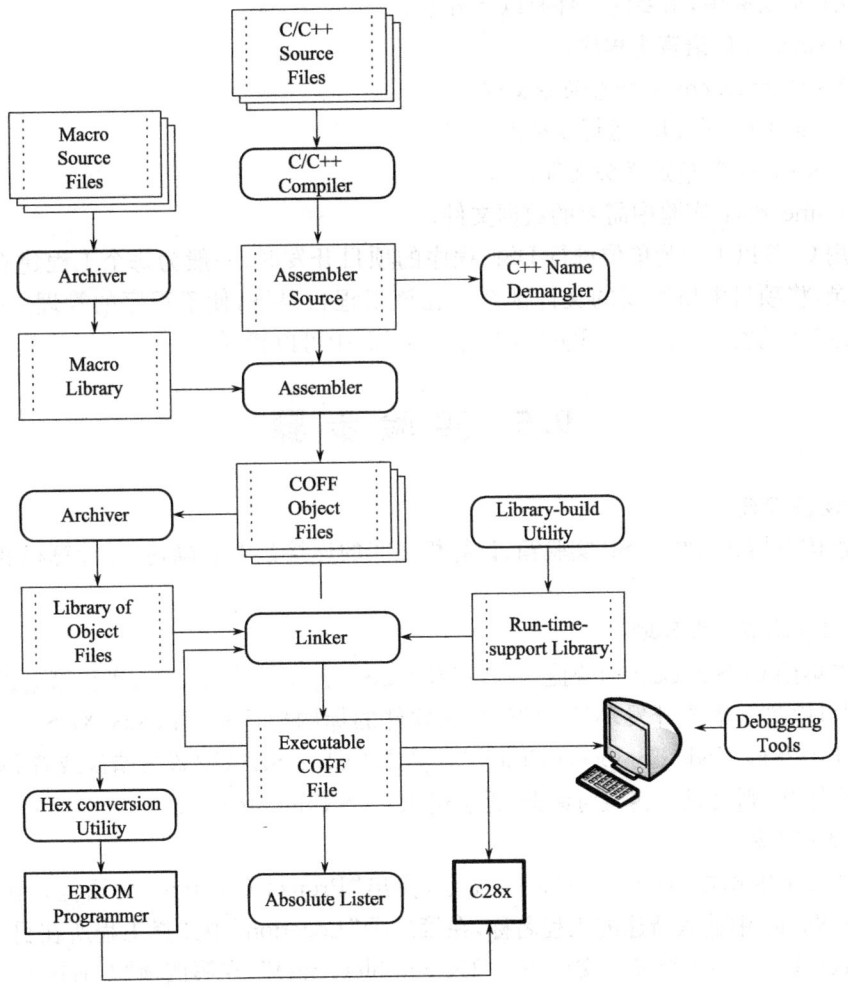

图 9.1　TMS320C28x 软件开发流程

由此可见,用 C/C++语言来开发 DSP 程序,一般在工程中必须包含以下文件:

(1) .c 或者.cpp:即 C 或 C++程序,是主程序或函数,用于描述用户特定的算法功能。

(2) .cmd:即配置命令文件,用于对编译生成的 COFF 格式目标文件(.obj)定位,安排各段的物理存储空间。

(3) .lib:即运行支持库文件。不同芯片有不同的运行支持库,必须根据具体芯片加以选择,例如,TMS320C28x 的运行支持库文件命名为 rts2800.lib 或 rts2800_ml.lib(后缀 ml 的含义是 large memory model,由于 C/C++默认的寻址空间为 64K,而 TMS320C28x 地址范围可达 4M,因此如果要访问高于 64K 的空间,必须在工程中添加 rts2800_ml.lib)。

至于头文件(.h),只有当使用了运行支持库中相应的函数时,才需要在 C 语言主程序中用 include 语句指定相应的头文件(如 math.h、stdlib.h、float.h 等),具体内容参见 TI 公司的"TMS320C28x Optimizing C/C++ Compiler User's Guide"。此外,用户自定义函数、寄存器地址、常量定义等信息也可以编制到头文件中,使用时也同样需要在 C 语言主程序中指定。

例如,本实验中,需要的文件有以下五个。

(1) sine.c:C 语言主程序。

(2) sinewave.cmd:配置命令文件。

(3) rts2800_ml.lib:运行支持库。

(4) Sine.h:常量定义头文件。

(5) sine.dat:实验中需要的数据文件。

使用 CCS 以工程为单位进行 DSP 程序的项目开发时,一般为每个工程建立一个独立的目录,将项目中所需要的文件都存放在该工程目录下,便于程序的管理。rts2800_ml.lib 在 TI 的安装目录…\TI\c2000\cgtools\lib 中可以找到。

9.5 实 验 步 骤

1) 设备检查

检查仿真器、C2000 DSP 实验箱、计算机之间的连接是否正确,打开计算机和实验箱电源。

2) 启动集成开发环境

点击桌面 CCS 2(C2000)快捷方式,启动 CCS。若硬件连接正确,实验箱电源被正确加载,则可以进入集成开发环境 CCS,并在软件的标题栏显示"/F28xx XDS510 Emulator/CPU_1-28xx-Code Composer Studio"。如果 CCS 2 SETUP 设置错误或者 DSP 电源没有正确加载,则会显示错误对话框,无法进入 CCS Emulate 模式。

3) 新建工程

在主菜单中单击"Project→New"命令,弹出"Project Creation"对话框。在第一项"Project Name"中输入新建的工程名称,在第二项"Location"中选择工程所在目录,第三项"Project Type"中选择输出文件格式"Executable(.out)",在第四项"Target Family"中选择与当前 DSP 芯片吻合的 TMS320C28xx,单击"完成"按钮确定。这样就在工程指定的目录中,建立了一个以工程命名的工程文件(.pjt),它会存储有关该工程的所有设置。

4) 添加工程文件

在主菜单中单击"Project→Add Files to Project"命令,在弹出的对话框中依次选择当前工程目录下 sine.c、sinewave.cmd 以及 rts2800_ml.lib 文件,添加到当前工程中。在工程浏览窗口中,展开工程文件列表,可以看到刚刚所添加的文件。

头文件(.h)不用专门人工指定添加,在后续的 build 工程中,CCS 会完成关联文件的扫描,将头文件自动添加到工程中。

如果错误地添加了文件,可以在工程浏览窗口中的文件名中单击鼠标右键,在弹出的菜单中选择"Remove from project"。

当然,CCS 也支持文件编辑功能,可以在主菜单选择"File→New"新建一个文件,编辑完成保存为所需要相应格式的 C 语言程序、汇编程序、cmd 配置命令或者头文件,然后添加到工程中。

5) 查阅代码

在 build 工程之前,先阅读源代码,明白各文件的内容。鼠标双击工程浏览窗口里的 sine.c 文件,即可在 CCS 的编辑窗口看到 C 语言程序的源代码,代码中有以下四个部分:

(1) Disable_WD( )函数,承担着禁止 TMS320F2812 内部的"看门狗"工作。

(2) 在主函数输出消息"SineWave example started"之后,进入一个无限循环,在循环体内调用两个函数:dataIO( )和 processing( )。

(3) 函数 dataIO( )在本实验中,DSP 不作任何实际操作而直接返回。

(4) 函数 processing( )对输入缓冲区的每个数据进行增益控制,并将结果存入输出缓冲区中。

6) 建立工程(Build 工程)

建立工程(Build 工程)是指对 asm、C 语言源程序文件进行编译(Compile)、汇编(Assemble),并结合配置命令文件对工程进行链接(Link),输出可执行程序(.out)。该命令在主菜单"Project→Build(Build All)"中,生成的可执行.out 程序位于工程目录的 debug 子目录下。这三个步骤也可以手工分步执行,比如对源程序编译会生成 COFF 格式的目标文件(.obj),然后用 build 命令完成链接。

对于工程文件中的语法或链接错误,CCS 会终止当前的 build,在底部消息窗口指示出程序所包含的编译链接错误或警告信息,然后根据错误提示修改源程序文件或配置命令文件,直至编译、链接正确。

以上的工作称为目标代码生成。

7) 加载程序

当工程被正确建立以后,只有将程序通过仿真器下载到 DSP 芯片上,才能够进行实时的代码调试。

在主菜单下,选择"File→Load Program",选中该工程的可执行.out 程序即可。

CCS 装载程序完毕以后,会自动弹出"Disassembly"窗口,显示构成源代码的反汇编指令。

8) 程序的运行

对于 C 语言编写的程序,当载入程序以后,DSP 的程序计数器(PC)会自动指向_c_

int00,这是 C 程序链接以后的入口地址(在反汇编窗口上有一个绿色箭头标识),它是运行支持库自动在用户 C 程序之前添加的一段初始化程序。如果想让程序计数器指向 C 语言的起始处,在菜单中选择"Debug→Go Main"命令,让程序从主函数开始执行(在源程序窗口有一个黄色箭头标识)。

倘若想同时看到 C 语言代码和对应编译生成的编译代码,在主菜单"View→Mixed Source/ASM"中,浅灰色部分显示的就是汇编指令。可见,一条 C 语言命令对应了很多条汇编指令,这是由于 C 语言的每一条语句并不是对应了 DSP 内部的硬件动作,它不适合描述 DSP 底层的硬件机制。

在主菜单中选择"Debug→Run",可以让 DSP 全速运行。由于 DSP 程序的输出并不具备 GUI 界面,因此,执行结果只有依赖外部硬件或者查看寄存器、存储器的数值加以验证。在主菜单选择"Debug→Halt"命令,可以停止程序的执行。DSP 指令的执行严格按照指令流的顺序。

如果想要再次运行程序,可以执行菜单命令"Debug→Restart",使 PC 重新指向_c_int00,也可以重新加载程序。

当执行菜单命令"Debug→Reset CPU"时,DSP 复位,内部寄存器恢复默认值,PC 指向中断矢量表的复位向量处。

9) 程序的调试

在程序的开发与测试过程中,常常需要检查某个变量或存储器的数值在程序运行过程中的变化情况,这就需要停止程序执行,用断点与观察窗口等方式来验证数值的正确性,这就是 DSP 目标代码的调试。

添加结构体变量 currentBuffer 到变量观察窗口,观察 currentBuffer.output 和 currentBuffer.input 的地址以及数值。添加 dataIO( )到变量窗口,查看该子程序的入口地址。在 dataIO( )处设立探针,关联输入文件 sine.dat,设置数据加载的起始地址为 currentBuffer.input,长度为 128bit。

打开图形显示功能,查看存储空间 currentBuffer.input 和 currentBuffer.output 的时域波形。

全速运行程序,或者动画执行程序,查看以上存储空间的数值变化。

在 processing( )子程序中设置断点,分别执行主菜单命令"Debug→Step into"和"Debug→Step over"单步执行程序,以及"Debug→Assembly/Source Stepping"中的各项命令,查看并比较这些单步执行方式的区别。

具体方法参见"附录 C.1 CCS 介绍"中的相关内容。

9.6 实 验 要 求

1) 独立完成项目编译、链接、调试的全过程。

2) 记录 dataIO( )、processing( )子程序的入口地址,记录 currentBuffer.input 和 currentBuffer.output 所在存储器地址。

3) 记录增益控制处理后,以图形方式显示数据空间 currentBuffer.input 和 current-

Buffer. output 缓冲存储器中的波形。

4) 打开工程的 .map 文件,查看 .text、.data、.bss 段在存储空间的地址和长度,指出分别位于 TMS320F2812 的什么存储空间以及物理存储块名称。

5) 查看 .cmd 命令文件,比较其与上述 .map 中的映射关系。试图修改 .cmd 文件,再次编译、链接,查看配置命令与各段的映射关系。

9.7 注意事项

运行 CCS 集成开发软件后,务必确保 DSP 实验箱电源加载正常。

实验 10　任意信号发生器

10.1　实验目的

1) 熟悉 DSP 硬件开发平台。
2) 熟悉 DSP 集成开发环境(CCS)。
3) 掌握 TMS320F2812 的存储器配置表。
4) 学习 TMS320F2812 的编程开发。
5) 熟悉代码调试的基本方法。

10.2　实验仪器

计算机,C2000 DSP 教学实验箱,XDS510 USB 仿真器,示波器。

10.3　实验内容

建立工程,编写 DSP 的主程序,并对工程进行编译、链接,利用现有 DSP 平台实现任意波的产生,通过示波器观察结果。

10.4　实验准备

10.4.1　程序流程

在 C2000 DSP 教学平台上实现任意波形的产生,可通过 DSP 实时运算得到相应波形的数据,随后通过 DAC 完成模拟输出。在该实验中,我们利用 DSP 的运算能力,首先计算出波形的数值信息,存储到相应的数据空间中,通过查表的方式读取该波形的数值并写入到 DAC 端口,实现任意波形的生成,由此可得程序流程,如图 10.1 所示。

该实现方式属于查表法,类似于直接数字频率合成 DDS 的数字产生部分原理,可以改变相位控制字来改变输出信号的频率。

实现程序可参照工程 RamGen_C(C 语言格式)或 RamGen_Asm(汇编语言格式)。

10.4.2　数据的定标

TMS320C28xx 是定点 DSP 芯片,采用定点数进行数值的运算,其操作数一般采用整型或长整型数据。数据最大表示范围取决于 DSP 芯片给定的字长,字长越长,所能表示数的范围就越大,精度也越高。数据以二进制补码格式表征,最高位是符号位,其余15位表示数值的大小。

而在实际中,数值的大小、数据的运算都会带来小数,用定点数格式表示小数。确定小数点的位置,称之为数据的定标。数据的定标一般有Q表示法,即Q15表示在定点数格式中有15位小数。由此,16位定点数有16种Q表示形式,对应了16种十进制数据范围。例如,16位定点的Q0表示没有小数,数据范围[-32768,32767];Q4表示有4位小数,数据范围[-2048,2047.9375];Q15表示有15位小数,数据范围[-1,0.9999695]。可见,不同Q值所表示的数据范围和精度都有所不同。精度与范围是一对矛盾,在实际定点算法中,为了达到最佳性能,必须对数据进行合理的定标。

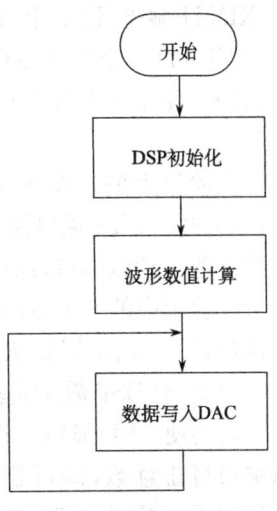

图 10.1 任意波形发生程序流程

浮点数 X_F 与定点数 X_D 的转换关系可表示为

定点数 $X_D = \lfloor X_F \cdot 2^Q \rfloor$, 浮点数 $X_F = X_D \cdot 2^{-Q}$

在程序中,根据数据的动态范围来确定Q值,分析程序中的数据可能的绝对值最大值$|max|$,使下式成立:

$$2^{n-1} < |max| < 2^n$$

则 $Q = 15 - n$

例如,某变量的值在-1到+1之间,即$|max| < 1$,因此,$n = 0$,$Q = 15$。

10.4.3 相关实验硬件资源

TMS320F2812 内部采用哈佛结构总线,与 TMS320F24xx 以及 TMS320F206 系列 DSP 不同,内部的程序空间、数据空间采用统一的编址方式,其 memory map 参见附录 C 中表 C.1。此外,TMS320F2812 支持 32bit 格式的数据访问,32bit 的数据访问必须从偶地址开始。由于 TMS320C28xx 绝大部分指令采用 32bit,因此,当程序存放到程序空间时,必须分配到偶数地址空间。

除了 TMS320F2812 片上集成的存储器,在 C2000 DSP 教学实验箱上还扩展了双端口 RAM、SRAM、FIFO 等资源,供实验者使用,其地址分配如表 10.1 所示。

表 10.1 外扩存储器地址映射

地址范围	存储体	等待时间	备注
0x08,0000～0x08,0FFF	双端口 RAM	至少 2 等待	占 ZONE2
0x10,0000～0x13,FFFF	SRAM	至少 2 等待	占 ZONE6
0x14,0000～0x14,FFFF	FIFO	至少 4 等待	占 ZONE6

DSP 处理器的外部接口(XINTF)负责完成对外扩设备的连接管理。TMS320F2812

的 XINTF 映射到 5 个独立的存储空间,分别是 ZONE0、ZONE1、ZONE2、ZONE6 和 ZONE7。每一个空间都有一个内部的片选信号,并可以通过编程来独立地配置访问等待、选择、建立以及保持时间,以实现 TMS320F2812 与各种外部存储器或设备的无缝连接。

实验箱上的 DAC1 采用的是 AD768,位宽 16bit,数据以无符号数表示,转换速度 30ns,通过 OUT3 端口输出;在 TMS320F2812 的地址映射为 0x2900(只写),即 DSP 只要将数字值写到该端口,DAC1 自动完成模拟的转换。

实验箱中的 8 个数码显示管为共阴极显示管,即只要对相应的显示位写 1,就可以点亮该位;写 0,则可以熄灭该显示位。数码显示管的具体结构及其地址分配参见"附录 C.3 C2000 DSP 教学实验箱介绍"。

若要使 LED 显示字符,可先往相应的端口写入字符对应的码字,随后往 LED 数据更新端口写任意数,即可刷新 LED 显示的字符,例如,LED1 显示字符"A",先往端口 0x2700 写入字符 0x77,随后往端口 0x2C00 写入 0x00。

10.5 实验步骤

1) 设备检查

检查仿真器、C2000 DSP 实验箱、计算机之间的连接是否正确,打开计算机和实验箱电源。

2) 启动集成开发环境

点击桌面 CCS 2(C2000)快捷方式,进入集成开发环境 CCS。

3) 新建工程

新建一个 DSP 工程,编辑源程序、配置命令等相关文件,并在工程中添加这些程序文件。

要求产生一个线性调频信号,其数学表达式如下所示:

$$s(t) = \cos(\pi K t^2) \tag{10.1}$$

其中:调制斜率 K 为 39 062,t 为持续时间且 $t \in [-0.0128, 0.0128]$,在采样时间内共有 1024 个采样点,即 1024 个离散数值。

源程序的编写可参照工程 RamGen_C(C 语言格式)或 RamGen_Asm(汇编语言格式)中的相关内容。

4) 建立工程(Build)

建立工程(Build)若出错,则根据错误提示修改源程序文件或者配置命令文件,直至编译、链接正确,生成可执行的 .out 文件。

5) 加载程序

在主菜单下,选择"File→Load Program",将程序下载到 DSP 内部。

6) 调试程序

在程序中的"波形数值计算"子模块后设置断点,运行程序后 PC 指针会停留在此处,打开图形显示功能,查看存储空间中保存的时域波形是否为线性调频信号,如果不是,则重新修改程序,直至正确为止。

程序调试时,可以利用各种调试手段,例如,打开寄存器窗口、变量窗口等辅助手段,查看数值计算是否满足要求。

7) 运行程序

若第 6)步正确,可去掉断点,重新全速运行程序。

连接 C2000 实验箱 OUT3 输出口至示波器,调节示波器,观察线性调频信号的输出。

10.6 实 验 要 求

1) 独立完成项目编译、链接、调试的全过程。

2) 利用数码显示管,在 DSP 初始化子模块后添加语句或者编写子程序,使之能够显示实验日期。

3) 记录实验中各子程序包括主程序的入口实际地址,与 memory.map 比较,指出分别位于什么类型的存储器中。

4) 指出波形数据保存的空间地址,并以图形方式显示线性调频信号的波形,然后保存,附在实验报告中。

10.7 注 意 事 项

运行 CCS 集成开发软件后,务必确保 DSP 实验箱电源加载正常。

10.8 实 验 思 考

1) 打开工程的 .map 文件,查看除 .text、.data、.bss 段之外,还有哪些有实际长度的段?查找相关资料,指出其含义与作用。

2) 在保持源文件功能正确的前提下,仅修改 .cmd 配置命令文件,改变段的地址分配,链接工程后,执行程序。如果出现错误,思考原因。

3) 在不修改波形数值计算子模块前提下,即保持波形数值表中的数据,依照 DDS 原理修改程序,调整线性调频信号的输出周期。

实验 11　DSP 数据采集

11.1　实验目的

1) 熟悉 DSP 的软硬件开发平台。
2) 掌握 TMS320F2812 的 ADC 外设的使用。
3) 熟悉 TMS320F2812 的中断的设置。
4) 掌握代码调试的基本方法。

11.2　实验仪器

计算机，C2000 DSP 教学实验箱，XDS510 USB 仿真器，示波器，信号源。

11.3　实验内容

建立工程，编写 DSP 的主程序，并对工程进行编译、链接，利用现有 DSP 平台实现数据的采集、存储以及模拟还原，通过图表以及示波器观察结果。

11.4　实验准备

11.4.1　程序流程

为实现 DSP 的数据采集存储以及模拟还原，必须依赖于 ADC、DSP 以及 DAC 这三大基本部件，而 TMS320F2812 芯片上集成了外设 ADC，因此实现该功能较为简单。数据采集的工作可以由 DSP 单独完成，只需要对相关外设进行配置。模拟还原由 C2000 DSP 教学实验箱中 DAC1(AD768)来完成。TMS320F2812 中的 ADC 外设与 DSP 的通信可以通过查询方式或中断方式来实现数据的交换，在此，我们采用 ADC 的中断功能。TMS320F2812 中 ADC 的转换时间和采样频率可以独立设置，分别位于 ADC 外设模块和事件管理器模块中，因此，要使 ADC 工作，必须掌握 ADC 外设和事件管理器外设中的相关设置。

由此可得程序流程如图 11.1 所示。实现程序可参照工程 AD_C(C 语言格式)或 AD_Asm(汇编语言格式)。

11.4.2　DSP 初始化

一般而言，DSP 要正常工作，必须首先设置时钟，时钟确定了 DSP 工作主频。

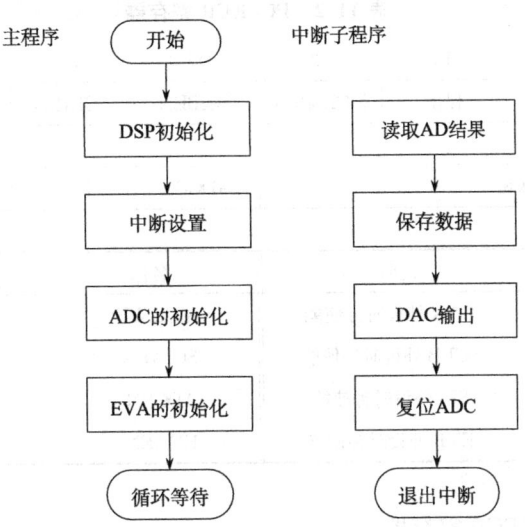

图 11.1 DSP 数据采集程序流程

TMS320F2812 中的时钟设置大致分为三个主要寄存器，它们分别是锁相环控制寄存器（PLLCR）、外设时钟使能控制寄存器（PCLKCR）和高/低速外设时钟预定标设置寄存器（HISPCP/LOSPCP）。

1) PLLCR 寄存器（地址@0x7021）

PLLCR 寄存器用于改变 PLL 的锁相环倍频值，输出 CLKIN 用于 DSP 内部的主频，控制 DSP 指令执行周期以及外设输入时钟，如表 11.1 所示。

表 11.1 PLLCR 寄存器说明

15		4 3	0
保留		DIV	

DIV	CLKIN	DIV	CLKIN
0000	OSCCLK/2(PLL 旁路)	0001	(OSCCLK·1)/2
0010	(OSCCLK·2)/2	0011	(OSCCLK·3)/2
0100	(OSCCLK·4)/2	0101	(OSCCLK·5)/2
0110	(OSCCLK·6)/2	0111	(OSCCLK·7)/2
1000	(OSCCLK·8)/2	1001	(OSCCLK·9)/2
1010	(OSCCLK·10)/2	1011～1111	保留

2) PCLKCR 寄存器（地址@0x701C）

PCLKCR 寄存器用于控制片上各种外设时钟的工作状态，禁止或使能外设时钟，能够有效降低 DSP 功耗。若在程序中使用某外设功能，则必须使能该外设时钟。当该位置为 1 时，相应的外设时钟被使能，如表 11.2 所示。

表 11.2　PCLKCR 寄存器

15	14	13	12	11	10	9	8
保留	ECANEN	保留	MCBSPEN	SCIBEN	SCIAEN	保留	SPIEN |//
7			4	3	2	2	1
保留				ADCEN	保留	EVBEN	EVAEN

名称	说明	名称	说明
ECANEN	CAN 外设时钟使能	MCBSPEN	McBSP 外设时钟使能
SCIBEN	SCI-B 外设时钟使能	SCIAEN	SCI-A 外设时钟使能
SPIEN	SPI 外设时钟使能	ADCEN	ADC 外设时钟使能
EVBEN	EVB 外设时钟使能	EVAEN	EVA 外设时钟使能

3) HISPCP/LOSPCP 寄存器

HISPCP(地址@0x701A)和 LOSPCP(地址@0x701B)寄存器分别用来配置高速和低速外设时钟，如表 11.3 所示。

表 11.3　HISPCP/LOSPCP 寄存器

HISPCP 寄存器

如果 HISPCP≠0，HSPCLK=SYSCLKOUT/(HISPCP(2:0)·2)；

如果 HISPCP=0，HSPCLK=SYSCLKOUT。

LOSPCP 寄存器

如果 LOSPCP≠0，LSPCLK=SYSCLKOUT/(LOSPCP(2:0)·2)；

如果 LOSPCP=0，LSPCLK=SYSCLKOUT。

11.4.3　模数转换器(ADC)

TMS320F2812 内部有一个 16 通道、采样精度为 12bit 的 ADC 模块，分别为事件管理器 A 和事件管理器 B 服务。这 16 通道可配置两个独立的 8 通道模块，具有同步采样和顺序采样模式，模拟输入范围为 0~3V，最快转换时间为 80ns，有多个触发源用于启动 ADC 的转换，采用灵活的中断控制。

ADC 工作流程如图 11.2 所示。

ADC 模块的初始化包括设置外设部件的上电、复位、时钟设定、触发源的设置、中断设置、运行模式的设置以及采样通道的设置，这些设置分别在 ADCTRL1、ADCTRL2、

ADCTRL3 和 ADCMAX-CONV 寄存器中,下面将会具体介绍。

当启动信号转换信号 SOC 到达后,ADC 启动,首先将 MAX CONVn 数值自动加载到 SEQ CNTRn 中,一次启动信号 ADC 转换的次数为(MAX CONVn)+1。转换按照预先设定的顺序进行(由 ADCCHSELSEQn 确定),转换的结果依次写入到 ADCRESULTn 寄存器中。

当所有转换完成后(即当 SEQ CNTRn 值为 0 时),ADC 工作方式取决于 ADCTRL1 寄存器中连续运行模式位(CONT RUN)。若该位为 1,则转换再次开始。因此,必须保证在下次转换完成之前读取 ADCRESULTn 的数值。若该位为 0,则 SEQ CNTRn 继续保持为 0,等待下一次启动触发信号的到达。

由于在 SEQ CNTRn 每次到达 0 时,中断标识位都会被置 1。因此,可以在中断服务子程序中,复位 ADCTRL2 中的 RST SEQn 位,这将使得下次转换重新开始。

由于 TMS320F2812 的 ADC 为多通道 ADC,因此其保持时间、转换时间和采样间隔不同。采样保持时间和转换时间的时钟

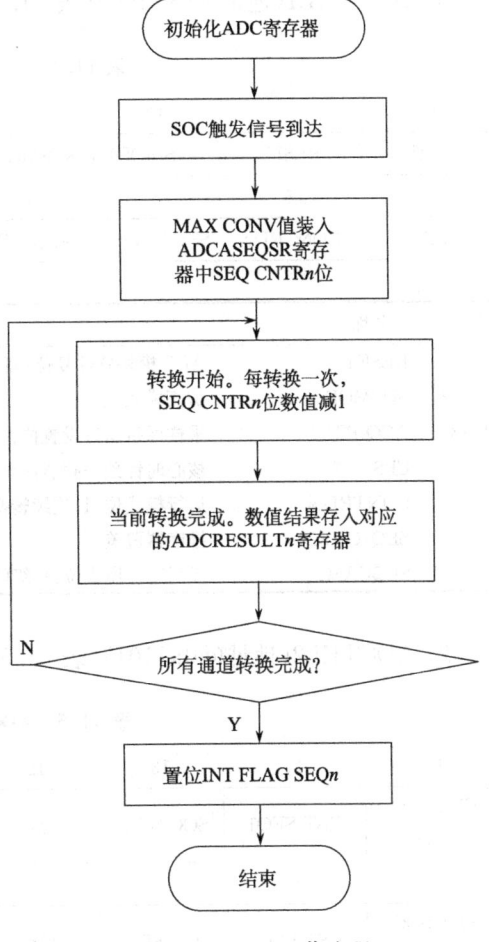

图 11.2 ADC 工作流程

链路如图 11.3 所示,其中,ADC CLK 为转换时间,SH clock/pulse 为采样保持时间,各模块都是 ADC 相关寄存器中的设置位。

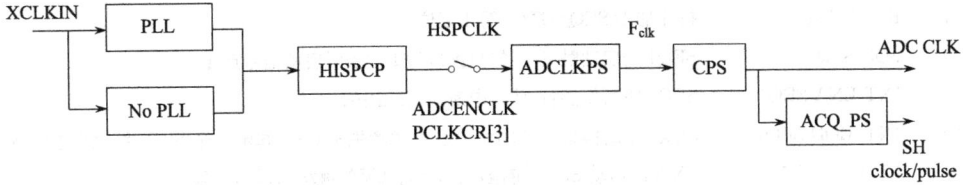

图 11.3 ADC 的时钟链路

ADC 相关控制寄存器如下所述。

1) ADCTRL1(地址@0x7100)(表 11.4)

表 11.4 ADCTRL1 寄存器

15	14	13	12	11	10	9	8
保留	RESET	SUSMOD1	SUSMOD0	ACQ PS3	ACQ PS2	ACQ PS1	ACQ PS0

7	6	5	4	3			0
CPS	CONTRUN	SEQ1OVRD	SEQCASC	保留			

位	名称	说明
14	RESET	ADC 模块软件复位:写 1 复位
13~12	SUSMOD	仿真模式位
11~8	ACQ PS	采样保持窗口设置位:控制采样脉冲宽度为(ACQ_PS+1)个 ADCLK
7	CPS	核心时钟预分频器:分频系数为 2^{CPS}
6	CONTRUN	运行模式位:1,连续转换模式;0,启动停止模式
5	SEQ1OVRD	排序器覆盖
4	SEQCASC	级联工作模式位:1,级联模式;0,双排序模式

2) ADCTRL2(地址@0x7101)(表 11.5)

表 11.5 ADCTRL2 寄存器

15	14	13	12	11	10	9	8
EVB SOC SEQ	RST SEQ1	SOC SEQ1	保留	INT ENA SEQ1	INT MOD SEQ1	保留	EVA SOC SEQ1

7	6	5	4	3	2	1	0
EXT SOC SEQ1	RST SEQ2	SOC SEQ2	保留	INT ENA SEQ2	INT MOD SEQ2	保留	EVB SOC SEQ2

位	名称	说明
15	EVB SOC SEQ	级联模式下 EVB SOC 使能信号:1,使能
14	RST SEQ1	排序器 1(SEQ1)复位:写 1 复位
13	SOC SEQ1	SEQ1 的启动触发信号(只读),为 1 时表明启动信号产生
11	INT ENA SEQ1	SEQ1 中断使能:1,使能中断;0,禁用中断
10	INT MOD SEQ1	SEQ1 中断模式:0,每个 SEQ1 结束产生中断;1,每隔一个 SEQ1 结束产生中断
8	EVA SOC SEQ1	EVA 的启动 SEQ1 屏蔽位:1,允许 EVA 触发 SEQ1;0,禁止
7	EXT SOC SEQ1	SEQ1 的外部启动转换信号
6	RST SEQ2	排序器 2(SEQ2)复位:写 1 复位
5	SOC SEQ2	SEQ2 的启动触发信号(只读),为 1 时表明启动信号产生
3	INT ENA SEQ2	SEQ2 中断使能:1,使能中断;0,禁用中断
2	INT MOD SEQ2	SEQ2 中断模式:0,每个 SEQ2 结束产生中断;1,每隔一个 SEQ2 结束产生中断
0	EVB SOC SEQ2	EVB 的启动 SEQ2 屏蔽位:1,允许 EVA 触发 SEQ2;0,禁止

3) ADCTRL3(地址@0x7118)(表 11.6)

表 11.6 ADCTRL3 寄存器

15					9	8
保留						EXTREF
7		6	5	4	1	0
ADCBGRFDN[1:0]		ADCPWDN		ADCCLKPS[3:0]		SMODE SEL

位	名称	说明
8	EXTREF	ADCREFP 和 ADCREFM 引脚输入使能;1,输入;0 输出
7~6	ADCBGRFDN[1:0]	ADC 带隙参考源;11,参考电源开启;00,关闭
5	ADCPWDN	ADC 关闭;0,关闭所有模拟电源;1,开启
4~1	ADCCLKPS[3:0]	核心时钟分频;分频系数为 $2^{ADCCLKPS[3:0]}$
0	SMODE SEL	采样模式选择;1,同步采样;0,顺序采样

ADC 支持三个独立的供电电源,每一个可以通过 ADCTRL3 寄存器的独立位来控制。ADC 外设要正常工作,必须使 ADCBGRFDN[1:0]、ADCPWDN 这三位都置于 1。

4) ADC 状态和标志寄存器 ADCST(地址@0x7119)(表 11.7)

表 11.7 ADC 状态和标志寄存器

15							8
保留							
7	6	5	4	3	2	1	0
EOS BUF2	EOS BUF1	INT SEQ2 CLR	INT SEQ1 CLR	SEQ2 BSY	SEQ1 BSY	INT SEQ2	INT SEQ1

位	名称	说明
7	EOS BUF2	SEQ2 的序列缓冲结束位
6	EOS BUF1	SEQ1 的序列缓冲结束位
5	INT SEQ2 CLR	SEQ2 中断清除位:写 1 清除 SEQ2 INT
4	INT SEQ1 CLR	SEQ1 中断清除位:写 1 清除 SEQ1 INT
3	SEQ2 BSY	SEQ2 忙标志位:1,忙;0,空闲
2	SEQ1 BSY	SEQ1 忙标志位:1,忙;0,空闲
1	INT SEQ2	SEQ2 中断标志位:1,发生 SEQ2 转换结束
0	INT SEQ1	SEQ1 中断标志位:1,发生 SEQ1 转换结束

5) 最大转换通道寄存器 ADCMAX-CONV(地址@0x7102)(表 11.8)

表 11.8 最大转换通道寄存器 ADCMAX CONV

15			8
保留			

7	6		4	3		0
保留	MAX CONV2[2：0]			MAX CONV1[3：0]		

MAX CONVn：一次启动触发信号 ADC 的最大转换次数为(MAX CONVn)+1。

6) ADC 输入通道选择控制寄存器 ADCCHSELSEQn(表 11.9)

每一个 4 位域的数值 CONVnn，都可以为自动转换选择 16 个模拟输入通道中的一个，如表 11.10 所示。

表 11.9 输入通道选择控制寄存器 ADCCHSELSEQn

15	12	11	8	7	4	3	0
CONV03		CONV02		CONV01		CONV00	

ADCCHSELSEQ1

15	12	11	8	7	4	3	0
CONV07		CONV06		CONV05		CONV04	

ADCCHSELSEQ2

15	12	11	8	7	4	3	0
CONV11		CONV10		CONV09		CONV08	

ADCCHSELSEQ3

15	12	11	8	7	4	3	0
CONV15		CONV14		CONV13		CONV12	

ADCCHSELSEQ4

表 11.10 CONVnn 数值与 ADC 输入通道关系

CONVnn 数值	ADC 输入通道	CONVnn 数值	ADC 输入通道
0000	ADCINA0	0000	ADCINB0
0001	ADCINA1	0001	ADCINB1
0010	ADCINA2	0010	ADCINB2
0011	ADCINA3	0011	ADCINB3
0100	ADCINA4	0100	ADCINB4
0101	ADCINA5	0101	ADCINB5
0110	ADCINA6	0110	ADCINB6
0111	ADCINA7	0111	ADCINB7

与 ADC 外设模块相关的寄存器及地址如表 11.11 所示。

表 11.11 与 ADC 外设模块相关的寄存器

名称	地址	说明
ADCTRL1	0x7100	ADC 控制寄存器 1
ADCTRL2	0x7101	ADC 控制寄存器 2
ADCMAX CONV	0x7102	ADC 最大转换通道寄存器
ADCCHSELSEQ1	0x7103	ADC 通道选择控制寄存器 1
ADCCHSELSEQ2	0x7104	ADC 通道选择控制寄存器 2
ADCCHSELSEQ3	0x7105	ADC 通道选择控制寄存器 3
ADCCHSELSEQ4	0x7106	ADC 通道选择控制寄存器 4
ADCASEQSR	0x7107	ADC 自动排序状态寄存器
ADCRESULT0	0x7108	ADC 转换结果缓冲寄存器 0
ADCRESULT1	0x7109	ADC 转换结果缓冲寄存器 1
ADCRESULT2	0x710A	ADC 转换结果缓冲寄存器 2
ADCRESULT3	0x710B	ADC 转换结果缓冲寄存器 3
ADCRESULT4	0x710C	ADC 转换结果缓冲寄存器 4
ADCRESULT5	0x710D	ADC 转换结果缓冲寄存器 5
ADCRESULT6	0x710E	ADC 转换结果缓冲寄存器 6
ADCRESULT7	0x710F	ADC 转换结果缓冲寄存器 7
ADCRESULT8	0x7110	ADC 转换结果缓冲寄存器 8
ADCRESULT9	0x7111	ADC 转换结果缓冲寄存器 9
ADCRESULT10	0x7112	ADC 转换结果缓冲寄存器 10
ADCRESULT11	0x7113	ADC 转换结果缓冲寄存器 11
ADCRESULT12	0x7114	ADC 转换结果缓冲寄存器 12
ADCRESULT13	0x7115	ADC 转换结果缓冲寄存器 13
ADCRESULT14	0x7116	ADC 转换结果缓冲寄存器 14
ADCRESULT15	0x7117	ADC 转换结果缓冲寄存器 15
ADCTRL3	0x7118	ADC 控制寄存器 3
ADCST	0x7119	ADC 状态寄存器

ADC 模块具体工作原理以及设置可参见"TMS320x281x Analog-to-Digital Converter(ADC) Reference Guide"等相关资料。

11.4.4 事件管理器

TMS320F2812 片内集成了两个事件管理器 EVA 和 EVB,它们具有完全相同的结构和功能,内部包含通用定时器(GP Timer)、全比较/PWM 单元、捕获单元以及正交编码脉冲(QEP)电路,具体内容可参见相关资料,在此只介绍与 ADC 相关的通用定时器。

每个事件管理器模块有两个通用定时器,在 GPTCONA/B 寄存器中可以定义 ADC 的启动触发信号由通用定时器的事件来产生,比如这些事件可以是下溢、比较匹配或周期匹配。下溢是指定时器计数器(TxCNT)的数值为 0,比较匹配是指 TxCNT 与比较寄存器(TxCMPR)中的数值相等,周期匹配是指 TxCNT 与周期寄存器(TxPR)中的数值相等。这一特性允许在没有 CPU 干涉的情况下,实现通用定时器事件和模/数转换启动操作的同步。

每个通用定时器有四种可选的操作模式:停止/保持模式、连续递增计数模式、定向的增/减计数模式、连续增/减计数模式。

定时器控制寄存器 TxCON 中相应的模式位决定了通用定时器的计数模式。定时器的使能位为 TxCON[6]，可以禁止或使能定时器的计数操作。当定时器被禁止时，定时器的计数器操作将停止。当定时器被使能时，定时器将按照寄存器 TxCON 中的相应位{TxCON[12：11]}设定的计数模式开始计数。

1) 停止/保持模式

在这种模式下，通用定时器的操作将停止并保持其当前状态，定时器的计数器、比较输出和预定标计数器都保持不变。

2) 连续递增计数模式

在这种模式下，通用定时器将按照已定标的输入时钟计数，直到定时器计数器的值和周期寄存器的值匹配为止。在发生匹配之后的下一个输入时钟的上升沿，计数器被复位为 0，并开始下一个计数周期。

定时器计数器与周期寄存器发生匹配后再过一个 CPU 时钟周期，周期中断标志将被置位。如果外设中断没有被屏蔽，将会产生一个外设中断请求。如果 GPTCONA/B 寄存器的相应位将定时器的周期中断定义为 ADC(模/数转换)启动信号，那么在周期中断标志被设置的同时，会向 ADC 模块发出一个 ADC 启动信号。

除了第一个计数周期外，定时器的周期时间为(TxPR)+1 个定标后的时钟输入周期。

3) 定向的增/减计数模式

通用定时器在定向的增/减计数模式中，将根据引脚 TDIRA/B 的输入对定标后的时钟进行递增或递减计数。当引脚 TDIRA/B 保持为高电平时，通用定时器进行递增计数，直到计数值等于周期寄存器的值(或 0xFFFF，如果计数器初值大于周期寄存器的值)。当定时器的值等于周期寄存器的值(或 0xFFFF)时，如果引脚 TDIRA/B 仍保持为高电平，定时器的计数器将复位为 0，并继续重新递增计数到周期寄存器的值。当引脚 TDIRA/B 保持为低电平时，通用定时器将递减计数直到计数值为 0。当定时器的值递减计数到 0 时，如果引脚 TDIRA/B 仍保持为低电平，那么定时器会重新将周期寄存器的值载入计数器，从而开始下一个递减计数周期。

在定向的增/减计数模式中，周期、下溢和上溢中断标志位，中断以及相关的操作都会根据各自的事件而产生，这与连续递增计数模式是一样的。

4) 连续增/减计数模式

这种工作模式与定向的增/减计数模式一样，但是在连续增/减计数模式下，引脚 TDIRA/B 的状态对计数的方向没有影响。定时器的计数方向仅在定时器的值达到周期寄存器的值时(或 0xFFFF，如果定时器的初始值大于周期寄存器的值)，才从递增计数变为递减计数。当计数器的值递减至 0 时，定时器又从递减计数变为递增计数。

在这种工作模式下，除了第一个周期外，定时器的周期都是 2·(TxPR)个定标的输入时钟周期。如果开始计数时，定时器计数器的初始值为 0，那么第一个计数周期的时间就与其他的周期一样。

在连续增/减计数模式下，周期、下溢和上溢中断标志位，中断以及相关的操作都根据各自的事件产生，这和连续递增计数模式一样。

在连续增/减计数模式下，定时器的计数方向由 GPTCONA/B 寄存器中的相应位确定:1 表示递增计数,0 表示递减计数。

在实验中,我们采用的是连续增计数模式,当发生周期匹配时,触发 ADC 的采样启动信号。

EVA/EVB 通用定时器中相关寄存器及其地址如表 11.12 所示。

表 11.12　EVA/EVB 通用定时器相关寄存器

寄存器	地址	说明	寄存器	地址	说明
GPTCONA	0x7400	定时器全局控制寄存器 A	GPTCONB	0x7500	定时器全局控制寄存器 B
T1CNT	0x7401	定时器 1 计数寄存器	T3CNT	0x7501	定时器 3 计数寄存器
T1CMPR	0x7402	定时器 1 比较寄存器	T3CMPR	0x7502	定时器 3 比较寄存器
T1PR	0x7403	定时器 1 周期寄存器	T3PR	0x7503	定时器 3 周期寄存器
T1CON	0x7404	定时器 1 控制寄存器	T3CON	0x7504	定时器 3 控制寄存器
T2CNT	0x7405	定时器 2 计数寄存器	T4CNT	0x7505	定时器 4 计数寄存器
T2CMPR	0x7406	定时器 2 比较寄存器	T4CMPR	0x7506	定时器 4 比较寄存器
T2PR	0x7407	定时器 2 周期寄存器	T4PR	0x7507	定时器 4 周期寄存器
T2CON	0x7408	定时器 2 控制寄存器	T4CON	0x7508	定时器 4 控制寄存器

(1) 定时器计数器寄存器 TxCNT(x=1,2,3,4):保存当前时刻定时器 x 的计数值,16bit。

(2) 定时器的比较寄存器 TxCMPR(x=1,2,3,4):存放定时器 x 的比较值,16bit。

(3) 定时器的周期寄存器 TxPR(x=1,2,3,4):存放定时器的周期值,16bit。

(4) 定时器的控制寄存器 TxCON(x=1,2,3,4):单个通用定时器的控制寄存器决定一个通用定时器的操作模式。表 11.13 描述了 TxCON 寄存器各位的含义。

表 11.13　TxCON 寄存器(x=1,2,3,4)

15	14	13	12	11	10		8
Free	Soft	保留	TMODE[1:0]		TPS[2:0]		
7	6	5	4	3	2	1	0
T2SWT1/T4SWT3	TENABLE	TCLKS[1:0]		TCLD[1:0]		TECMPR	SELT1PR/SELT3PR

位	名称	说明
15~14	Free Soft	仿真控制位:可设置为 00
12~11	TMODE[1:0]	计数模式选择:00,停止保持;01,连续增/减计数模式;10,连续增计数模式;11,定向的增/减计数模式
10~8	TPS[2:0]	输入时钟预分频因子:分频系数为 $2^{TPS[2:0]}$
7	T2SWT1/T4SWT3	为 1 时,使用 T1CON 或 T3CON 的使能位来使能或禁止定时操作
6	TENABLE	定时器使能位:1,允许定时器操作;0,禁止
5~4	TCLKS[1:0]	时钟源选择:00,内部时钟(HSPCLK);01,外部时钟(TCLKINx);10,保留;11,正交编码脉冲电路
3~2	TCLD[1:0]	定时器比较寄存器的重载条件:00,计数器为 0;01,计数器的值为 0 或等于周期寄存器的值;10,立即重载;11,保留
1	TECMPR	定时器比较使能:1,使能比较操作;0,禁止比较操作
0	SELT1PR/SELT3PR	为 1 时,忽略自身的周期寄存器将 T1PR 或 T3PR 作为周期寄存器;为 0 时,使用自身的周期寄存器

(5) 全局通用定时器控制寄存器 GPTCONA/B:规定了发生各种定时事件时通用定时器所采用的动作及其计数方向。

一般以 A 为后缀的寄存器对应事件管理 A 的控制位,以 B 为后缀的寄存器对应事件管理 B 的控制位,两者的布局往往是一致的,只不过各位对应的定时器不一样。如果在 GPTCONA 中用来控制定时器 1 的,在 GPTCONB 中相应的位就是用来控制定时器 3 的,其余依次类推。GPTCONA/B 寄存器如表 11.14 所示。

表 11.14 全局通用定时器控制寄存器 GPTCONA/B

15	14	13	12	11	10	9	8
保留	T2STAT	T1STAT	T2CTRIPE	T1CTRIPE	T2TOADC[1:0]		T1T0ADC[1]
7	6	5	4	3	2	1	0
T1TOADC[0]	TCMPOE	T2CMPOE	T1CMPOE	T2PIN[1:0]		T1PIN[1:0]	

全局通用定时器控制寄存器 GPTCONA/B

15	14	13	12	11	10	9	8
保留	T4STAT	T3STAT	T4CTRIPE	T3CTRIPE	T4TOADC[1:0]		T3T0ADC[1]
7	6	5	4	3	2	1	0
T3TOADC[0]	TCMPOE	T4CMPOE	T3CMPOE	T4PIN[1:0]		T3PIN[1:0]	

全局通用定时器控制寄存器 GPTCONC/D

位	名称	说明
14	T2STAT	通用定时器 2 的状态位(只读):1,递减计数;0,递增计数
13	T2STAT	通用定时器 1 的状态位(只读):1,递减计数;0,递增计数
12	T2CTRIPE	定时器 2 输出切断功能使能位:1,使能;0,禁止
11	T1CTRIPE	定时器 1 输出切断功能使能位:1,使能;0,禁止
10~9	T2TOADC[1:0]	通用定时器 2 启动 ADC 方式:00,不启动;01,下溢启动;10,周期中断启动;11,比较中断启动
8~7	T1TOADC[1:0]	通用定时器 1 启动 ADC 方式:00,不启动;01,下溢启动;10,周期中断启动;11,比较中断启动
6	TCOMPOE	定时器比较输出使能
5	T2CMPOE	定时器 2 的比较输出使能
4	T1CMPOE	定时器 1 的比较输出使能
3~2	T2PIN[1:0]	定时器 2 比较输出极性:00,强制低;01,低有效;10,高有效;11,强制高
1~0	T1PIN[1:0]	定时器 1 比较输出极性:00,强制低;01,低有效;10,高有效;11,强制高

EVA 和 EVB 模块具体工作原理以及设置可参见"TMS320x281x Event Manager (EV) Reference Guide"等相关资料。

11.4.5 TMS320F281x 中断系统

TMS320F281x 的外设中断扩展(PIE)单元通过少量中断输入信号的复用来扩展大量的中断源,PIE 单元支持多达 96 个独立的中断,这些中断以 8 个为一组进行分类,每组中的所有中断共用一个 CPU 级中断(INT1~INT12)。96 个中断对应的中断向量表存储在专用

RAM 区域中。PIE 向量表用来存储系统中每个中断服务程序(ISR)的入口地址。一般来说,在设备初始化时就要设置 PIE 向量表,并可在程序执行期间根据需要对其进行更新。

在实验中,当我们设置 VMAP=1(ST1 寄存器的 bit3),ENPIE=1(PIECTRL 寄存器的 bit0)后,TMS320F2812 的中断向量表地址范围是 0x000D00~0x000DFF,例如,外设模块 ADC 使用的中断 ADCINT 向量地址为 0x000D4A。

TMS320F281x 的中断分为三个级别:外设级、PIE 级和 CPU 级。每个片内外设的各个中断信号都具有自己的中断标志寄存器和中断使能寄存器,例如,ADC 中的 INT ENA SEQ1 位就是 ADC 的中断使能位,其标志为在 ADCST 中。PIE 单元将中断分为 12 组,每组 8 个中断,一旦片内外设向 PIE 发出中断请求,对应的外设中断标志寄存器 PIE-IFRx.y 就会被置位,如果外设中断使能寄存器 PIEIERx.y 为 1(即被使能),当前外设中断应答寄存器 PIEACKx.y 为 0,PIE 就会向 CPU 级发出中断请求。CPU 级中断接收到 PIE 的中断,会立即置位 CPU 中断标志寄存器 IFR 相应位,并判断 CPU 中断使能寄存器 IER 中相应位是否被使能,以及全局中断 IMTN 是否被允许,若满足条件,则对应的中断向量表中的地址被加载到程序计数器 PC 中。

在退出中断服务程序时,为确保下次中断服务能够被可靠地执行,务必人工清除相应的中断标志位,其标志位也分为三个级别,分别是外设级中断应答标志、PIE 级中断应答标志 PIEACK 和 CPU 级中断标志 IFR。

由此可见,要想正确使用中断,首先,应该合理设置中断向量表,在对应地址填入中断服务子程序的入口地址。其次,必须对上述三个级别的中断做出正确的设置。例如,实验中,要想实现 CPU 利用中断方式读取 ADC 的采样数据,首先,必须使能 ADC 外设的中断;其次,使能外设使能寄存器 PIEIER1.6,保证中断发生时 PIEACK1.6 位清零;最后,使能 CPU 中断使能寄存器 IER 中的 INT1,并且全局中断使能位 INTM。这些工作必须在系统初始化时完成。退出中断服务程序前,清除 ADCST 中的 INT SEQ1 以及相应的 PIEACKx。

PIE 配置控制寄存器如表 11.15 所示。

表 11.15 PIE 配置控制寄存器

名称	地址	说明	名称	地址	说明
PIECTRL	0x0CE0	PIE 控制寄存器	PIEIFR6	0x0CED	PIEINT6 标志寄存器
PIEACK	0x0CE1	PIE 应答寄存器	PIEIER7	0x0CEE	PIEINT7 使能寄存器
PIEIER1	0x0CE2	PIEINT1 使能寄存器	PIEIFR7	0x0CEF	PIEINT7 标志寄存器
PIEIFR1	0x0CE3	PIEINT1 标志寄存器	PIEIER8	0x0CF0	PIEINT8 使能寄存器
PIEIER2	0x0CE4	PIEINT2 使能寄存器	PIEIFR8	0x0CF1	PIEINT8 标志寄存器
PIEIFR2	0x0CE5	PIEINT2 标志寄存器	PIEIER9	0x0CF2	PIEINT9 使能寄存器
PIEIER3	0x0CE6	PIEINT3 使能寄存器	PIEIFR9	0x0CF3	PIEINT9 标志寄存器
PIEIFR3	0x0CE7	PIEINT3 标志寄存器	PIEIER10	0x0CF4	PIEINT10 使能寄存器
PIEIER4	0x0CE8	PIEINT4 使能寄存器	PIEIFR10	0x0CF5	PIEINT10 标志寄存器
PIEIFR4	0x0CE9	PIEINT4 标志寄存器	PIEIER11	0x0CF6	PIEINT11 使能寄存器
PIEIER5	0x0CEA	PIEINT5 使能寄存器	PIEIFR11	0x0CF7	PIEINT11 标志寄存器
PIEIFR5	0x0CEB	PIEINT5 标志寄存器	PIEIER12	0x0CF8	PIEINT12 使能寄存器
PIEIER6	0x0CEC	PIEINT6 使能寄存器	PIEIFR12	0x0CF9	PIEINT12 标志寄存器

1) PIE 中断寄存器(表 11.16)

表 11.16 PIE 中断寄存器

15		1	0
PIEVECT			ENPIE

位	名称	说明
15～1	PIEVECT	提供了发生中断的向量地址(只读)
0	ENPIE	写 1 使能从 PIE 单元获取中断向量

2) PIE 中断应答寄存器 PIEACK(表 11.17)

表 11.17 PIE 中断应答寄存器 PIEACK

15	12	11	0
保留		PIEACKx	

位	名称	说明
11～0	PIEACKx	向相应的位写 1 可清除该 PIE 应答标志

3) PIE 中断使能寄存器 PIEIER(表 11.18)

表 11.18 PIE 中断使能寄存器(x=1,…,12)

15								8
保留								
7	6	5	4	3	2	1	0	
INTx.8	INTx.7	INTx.6	INTx.5	INTx.4	INTx.3	INTx.2	INTx.1	

向相应的位写 1,就可以使能对应的外设中断;写 0 则禁止对应外设中断。

4) CPU 中断使能寄存器 IER(表 11.19)

表 11.19 CPU 中断使能寄存器 IER

15	14	13	12	11	10	9	8
RTOSINT	DLOGINT	INT14	INT13	INT12	INT11	INT10	INT9
7	6	5	4	3	2	1	0
INT8	INT7	INT6	INT5	INT4	INT3	INT2	INT1

在表 11.19 中,RTOSINT 为实时操作系统中断使能位,DLOGINT 为数据日志中断使能位,INTx 为 CPU 中断,当位标志是 1 时,相应中断被使能。

关于 CPU 中断设置的详细内容参见"TMS320x281x System Control and Interrupts

Reference Guide"等资料。

11.5 实验步骤

1) 设备检查

检查仿真器、C2000 DSP 实验箱、计算机之间的连接是否正确,打开计算机和实验箱电源。

2) 启动集成开发环境

点击桌面 CCS 2(C2000)快捷方式,进入集成开发环境 CCS。

3) 新建工程

新建一个 DSP 工程,编辑源程序、配置命令等相关文件,并在工程中添加这些程序文件。

在源程序中,通过对中断、ADC 外设以及事件管理通用时钟的设置,利用中断方式读取 ADC 的采样结果,并用 DAC 实现模拟信号的还原。在程序中开辟一段数据空间,用于保存 ADC 的采样结果,要求保存 1024 点数据,且该空间的数据不断刷新。

源程序的编写可参照工程 AD_C(C 语言格式)或 AD_Asm(汇编语言格式)中的相关内容。

4) 建立工程(Build)

建立工程(Build),若出错,则根据错误提示,修改源程序文件或者配置命令文件,直至编译、链接正确,生成可执行的 .out 文件。

5) 加载程序

在主菜单下,选择"File→Load Program",将程序下载到 DSP 内部。

6) 连接外部电路

打开信号源,产生一个合适的频率(ADC 的采样频率必须满足奈奎斯特采样定律),信号幅度控制在±0.5V 以内,验证后将信号通过 INPUT1 接口输入到 DSP 中。

打开示波器,将 C2000 实验箱中的 OUT3 接口输出到示波器上,并正确设置。

7) 调试程序

(1) 验证中断设置是否正确。可以在 ADC 中断服务程序的入口地址处添加断点,全速或者动画运行程序,检查程序计数器 PC 能否间隔性地停留在中断服务入口地址处。若能,说明中断设置基本正确。

(2) 验证数据采集的正确性。程序连续运行一段时间后,暂停程序执行,打开图形显示功能,查看存储空间中保存的时域波形是否为信号源输出的信号波形。

(3) 调节示波器,观察信号波形是否为信号源的输入波形。若是,则实验调试结束。

(4) 以上步骤如果出错,则可以利用各种调试手段,如打开寄存器窗口、变量窗口等辅助手段,根据数值和实验原理,查找错误原因,重新修改程序,直至正确。

8) 运行程序

若第 7)步正确,可去掉断点,重新全速运行程序。

连接 C2000 实验箱 OUT3 输出口至示波器,调节示波器,观察信号的输出。可以实时地改变信号源的输入信号(注意信号幅度不要随意修改,若超出输入范围易烧毁实验电路),示波器上显示的波形亦会随之变化。

数据直通通道就是最简单的实时信号处理电路。

11.6 实验要求

1) 独立完成项目编译、链接、调试的全过程。

2) 根据 ADC 工作原理和范例程序,给出 ADC 采样频率计算公式。尝试修改采样频率并验证。

3) 指出波形数据保存的空间地址,并以图形方式显示采集的信号波形,然后保存,附在实验报告中。

4) 利用上述图形,给出验证采样频率的方法,以此验证数据采集程序的正确性。

5) 利用数码显示管,在中断服务子程序中添加语句,使之能够交替显示实验者的学号。

11.7 注意事项

1) 运行 CCS 集成开发软件后,务必确保 DSP 实验箱电源加载正常。

2) 信号源在连接实验箱前,务必保证信号幅度控制在±0.5V 以内。当需改变信号时,可以更改信号波形和频率。

11.8 实验思考

1) 观察输入信号与示波器显示信号、存储器中存储波形信号幅度的差异,解释差异产生的原因。

2) 除了上述粗略验证 ADC 采样频率以外,思考其他测试采样频率的方法和手段。

3) 除了中断方式,DSP 内核还可以采用查询方式获取 ADC 外设的采样数据。如果采用采样查询方式,则需要查询哪些标志位?试图编程实现。

4) 如何将存储的采样数据保存到数据文件中,并利用动态有效位 ENOB 测试方法分析实验平台数据采集的性能?

实验 12　FIR 滤波器的 DSP 实现

12.1　实验目的

1) 巩固数字 FIR 滤波器的概念。
2) 理解定点 DSP 中数的定标、有限字长、溢出等概念。
3) 理解算法实现中"实时"的概念。
4) 掌握 DSP 开发过程以及基本调试方法。
5) 理解汇编以及高级语言开发 DSP 实现算法的区别。

12.2　实验仪器

计算机，C2000 DSP 教学实验箱，XDS510 USB 仿真器，示波器，信号源。

12.3　实验内容

针对 FIR 算法，设计滤波器系数，完成数据的定标，查看滤波器特性曲线。

建立工程，编写 DSP 的主程序，并对工程进行编译、链接，利用现有的 DSP 平台实现 FIR 滤波器算法。通过信号源、示波器理解滤波器特性，验证实现与理论设计的一致性。

12.4　实验准备

12.4.1　实验流程

实验之前首先必须对 FIR 滤波器的设计、实现算法有所了解，必要时通过计算机算法仿真理解 FIR 滤波器特性。由于计算机仿真属于浮点运算，而 TMS320F2812 是定点 DSP，因此需要针对所设计的 FIR 滤波器系数进行定标，随后对定标后的数据再次进行仿真，以验证定点实现的性能是否满足系统指标。

根据 FIR 滤波器算法，编写 C 源程序或者汇编程序，实现算法功能，并验证 DSP 实现时算法的正确性以及精度的要求。这种算法功能上的仿真可以利用 CCS 集成开发环境中数据 IO 来模拟信号的输入，完成验证算法精度与功能的正确。

验证了算法的功能正确之后，可以将程序下载到 DSP 上运行，并观察现象。更为重要的是，在硬件平台上验证系统的实时性，以及评估资源的使用情况。若满足实时性要求，则测试各项指标应该与原理设计相吻合。如果实际与理论不一致，则首先检查算法的实时性，以及资源使用是否冲突等原因，对程序进行优化后再次编译、链接，重新验证直至正确。算法的优化有时会贯穿于整个设计之中。

DSP 算法实现流程如图 12.1 所示。

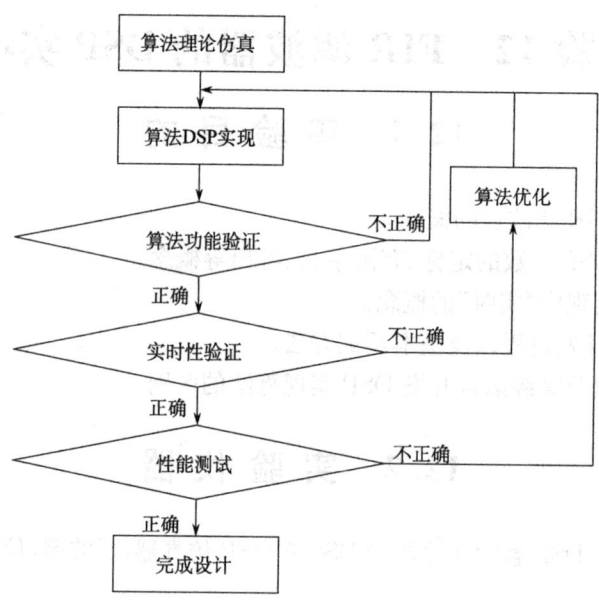

图 12.1　DSP 算法实现流程

12.4.2　程序流程

FIR 滤波器算法属于典型的数据流处理方式,每到达一个新数据,就必须进行一次计算,更新输出。因此,当一次采样完成之后,就可以进行 FIR 核心算法,并将计算结果输出给 DAC。

因此,和 DSP 的数据采集实验类似,用 DSP 实现实时的 FIR 信号处理算法必须依赖于 ADC、DSP 和 DAC 三大基本部件。充分利用 DSP 片上 ADC 外设,实现模拟信号的采样,并由 DSP 完成 FIR 核心算法,由 C2000 DSP 教学实验箱中 DAC1(AD768)来完成数字到模拟的还原。在数据采集实验基础上,我们对程序流程稍加改动,就可以实现完整数字 FIR 滤波器功能。程序流程如图 12.2 所示。

12.4.3　FIR 滤波器设计

数字滤波器用于完成信号的滤波处理功能,是用有限精度算法实现的离散时间非时变系统。用 DSP 实现数字 FIR 滤波算法,它具有稳定性强、精度高、实时性好、灵活性大、实现简单等优点。

有限长的单位冲击响应滤波器(FIR)差分方程可表示为

$$y[n] = \sum_{k=0}^{N} h[k]x[n-k] \tag{12.1}$$

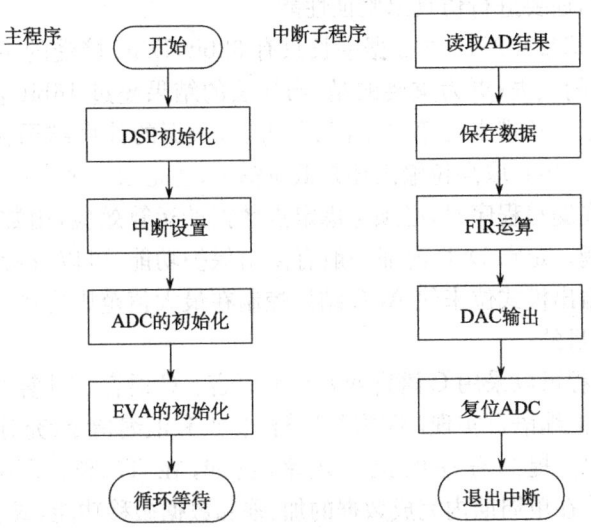

图 12.2 FIR 滤波器程序流程

其中:h 是滤波器系数,x 为输入的数字信号,y 为 FIR 滤波器计算输出,N 为滤波器阶数。由此可得,一个 N 阶的滤波器计算,需要 $N+1$ 个滤波器系数,$N+1$ 个数字输入,每得到一个 y 值,需要 $N+1$ 次乘法以及 N 次加法。另外,N 阶滤波器需要保存当前的 $N+1$ 个输入信号数值以及事先设计的 $N+1$ 个滤波器系数。

滤波器系数的设计有很多方式,这里我们采用 Matlab 软件来对 FIR 滤波器算法进行仿真并验证性能。

在 Matlab 界面中,利用 fir1 命令来设计滤波器系数。fir1 的完整命令如下:

$$h = \text{fir1}(n, W_n, \text{'ftype'}, \text{window}) \qquad (12.2)$$

其中:n 为滤波器阶数;W_n 为归一化截止频率(这里的归一化指与采样频率一半进行归一化);W_n 对应了在幅频曲线上 -6dB 点的频率数值;ftype 为滤波器类型,可以是低通、带通、高通、带阻等形式;window 是使用的窗函数,可以是 hamming、hanning、chebwin 等形式;h 为产生的滤波器系数。详细说明可在 Matlab 中输入 help fir1 或 doc fir1 查看。

对产生的滤波器系数可以用 freqz 命令查看幅频、相频特性曲线。具体命令如下:

$$\text{freqz}(h) \qquad (12.3)$$

其中:h 为设计的滤波器系数。当然也可以使用 fvtool(h)命令,验证滤波器设计是否满足系统指标要求,如通带频带、阻带衰减、过渡带宽度等。

12.4.4 DSP 的算法实现

TMS320F2812 是定点型 DSP,存储器字长 16bit,可进行 32bit 的运算。而仿真计算中得到的数据大多是浮点型,因此将算法用定点 DSP 实现时,必须进行数据格式的定标,例如,对 FIR 滤波器系数的定标可以参照"实验 10 任意信号发生器"中介绍的方法来完成。对系数定标后,还要进行仿真以验证性能。

另外,由于 TMS320F2812 的数据字长只有 32bit,DAC 接受的字长为 16bit,因此有限字长带来了精度的损失;更为重要的是,当加法的结果超过 16bit 表示范围时,数据产生了溢出,这是有限字长带来的第二个问题;再者,数据的计算结果存放在 32bit 的寄存器中,但 DAC 却是 16bit,取高位输出还是低位输出,还是取一个合适的范围,这是数据截取的问题。因此,在编写程序时,必须考虑定点数据的运算效应,由数据的动态范围来确定截取、定标等问题。定点 DSP 内部一般有溢出保护功能,可以查看溢出标志位及时发现溢出现象,再用溢出模式位来使 ACC 结果控制在最大值范围之内,以达到防止溢出引起精度严重恶化的目的。

具体的实现编程可以采用 C 语言或者汇编语言。C 语言描述算法较为简单,在此不作详细叙述。若用汇编语言实现,必须结合算法特点和汇编指令,充分利用片内多功能单元同时执行的特点,提高程序的执行效率,例如,在 TMS320F2812 中汇编指令有 XMACD 指令,支持在单周期内完成数据的加、乘和数据搬移功能,或者使用 DMAC 指令在单周期内实现双乘与双加运算。采用不同的指令,必须辅以不同的数据编排方式,因此需要综合考虑选取最优的实现方案。

12.4.5 算法实时性测试

算法的实时性测试主要指该算法能否在规定的时间内完成 FIR 运算,规定时间在此是指采样周期。FIR 的运算必须在两次采样间隔内完成,否则会造成数据的丢失。这是数据流处理的特点,数据的运算速度必须大于数据的更新速度。

在实验平台中,我们可以利用 GPIO 引脚来实测采样周期和算法执行时间。添加程序,当程序进入断点时,将 GPIO 的某一个引脚输出置高,完成算法退出中断时再置低。由此当全速执行程序时,测量该 GPIO 引脚上的周期,便是采样周期,高电平持续时间即为 FIR 滤波器算法执行时间,由此判断计算法实现是否实时。

TMS320F2812 的通用数字输入、输出引脚是复用的,既可以作为通用 IO 口使用,又可以作为外设引脚使用,这是由 GPxMUX 寄存器来控制切换。如果是数字 IO 模式,方向控制寄存器 GPxDIR 用来配置引脚信号的传输方向,另外 GPxDAT 寄存器用来反映当前对应引脚的电平,GPxSET 用来设置引脚的高电平(置高),GPxCLEAR 寄存器用来设置引脚的低电平(清零),GPxTOGGLE 寄存器用来反相引脚电平(取反)。C2000 实验箱中可用的 GPIO 口在"附录 C3 C2000 DSP 教学实验箱介绍"中有所介绍,下面以 GPAIO 为例简单介绍一下相关寄存器的含义。

1) 通用 IO 口多路切换控制寄存器 GPAMUX(地址@0x70C0)

如果 GPAMUX.y 位=0,则对应引脚配置为通用 IO 口;

如果 GPAMUX.y 位=1,则对应引脚配置为专用功能外设口。

2) 通用 IO 口方向控制寄存器 GPADIR(地址@0x70C1)

如果 GPADIR.y 位=0,则对应通用 IO 口配置为输入;

如果 GPADIR.y 位=1,则对应通用 IO 口配置为输出。

3) 通用 IO 数据寄存器 GPADAT(地址@0x70E0)

这是一个可读、可写的寄存器,读访问能返回当前输入 IO 引脚的信号电平状态,写操作能设置对应输出 IO 引脚的电平。

如果 GPADAT.y 位=0,则表示引脚为低电平;

如果 GPADAT.y 位=1,则表示引脚为高电平。

由于不同引脚读写同时发生容易引起冲突,所以一般不使用该寄存器改变输出引脚的电平,而使用下述 GPASET、GPACLEAR、GPATOGGLE 寄存器来解决。

4) 通用 IO 口置位寄存器 GPASET(地址@0x70E1)

这是一个只写寄存器,读操作总是返回 0。

如果 GPASET.y 位=0,则表示引脚没有变化;

如果 GPASET.y 位=1,则表示引脚电平置高(前提是该端口作为输出)。

5) 通用 IO 口清零寄存器 GPACLEAR(地址@0x70E2)

这是一个只写寄存器,读操作总是返回 0。

如果 GPACLEAR.y 位=0,则表示引脚没有变化;

如果 GPACLEAR.y 位=1,则表示引脚电平清零(前提是该端口作为输出)。

6) 通用 IO 口反相寄存器 GPATOGGLE(地址@0x70E3)

这是一个只写寄存器,读操作总是返回 0。

如果 GPATOGGLE.y 位=0,则表示引脚没有变化;

如果 GPATOGGLE.y 位=1,则表示引脚电平反转(前提是该端口作为输出)。

12.5 实 验 步 骤

1) 系数设计

利用 Matlab 设计滤波器系数,并对系数进行数据定标,完成浮点到定点的转换。分别作出两组系数的幅频、相频特性曲线,看是否满足设计要求。

2) 设备检查

检查仿真器、C2000 DSP 实验箱、计算机之间的连接是否正确,打开计算机和实验箱电源。

3) 启动集成开发环境

点击桌面 CCS 2(C2000)快捷方式,进入集成开发环境 CCS。

4) 建立工程

新建一个 DSP 工程,编辑源程序、配置命令等相关文件,并在工程中添加这些程序文件。

在上次实验程序的基础上加以修改,在中断程序内添加 FIR 算法模块,完成 FIR 算法程序设置 GPIO 的输出控制,使之能够完成算法执行时间测量的工作。

建立工程(Build),若出错,则根据错误提示修改源程序文件或者配置命令文件,直至编译、链接正确,生成可执行的 .out 文件。

5) 加载程序

在主菜单下,选择"File→Load Program",将程序下载到 DSP 内部。

6) 算法功能验证

在中断服务子程序恰当的地方设置探针点,利用文件 IO 的方式,输入 x 数据(具体方法参见"实验9 DSP 开发基础实验");在 FIR 算法结束处设置断点,验证 FIR 滤波器算法的正确性。输入的数据可具有一定的特殊性,用以进行特例验证。

若计算结果不正确,则进行程序的调试。调试的关键在于现象重现、错误定位,可以利用各种调试手段,如打开寄存器窗口、变量窗口等辅助手段,根据数值和实验原理,查找错误原因,修改程序直至正确。

解决错误后,再重新恢复原错误程序,观察错误现象是否重现,以确定错误的唯一性。

7) 算法实时性验证

去除程序中的探针点以及断点,重新全速运行程序,测量采样频率和 FIR 算法的核心执行时间,判断该系统是否实时。

若非实时,则优化程序,甚至修改滤波器系数,直至满足实时要求。

8) 系统测试

打开信号源,产生一个合适频率(ADC 的采样频率必须满足奈奎斯特采样定律)的正弦信号,信号幅度控制在±0.5V 以内,验证后将信号通过 INPUT1 接口输入到 DSP 中。

打开示波器,将 C2000 实验箱中的 OUT3 接口输出到示波器上,并正确设置。

全速运行程序,调节信号源输出正弦信号的频率,记录各频点的示波器上输出幅度。描点作图,与理论幅频特性曲线比较,分析是否满足设计要求。

12.6 实 验 要 求

1) 独立完成项目编译、链接、调试的全过程。

2) 当输入信号为正弦信号时,改变正弦信号频率,观察示波器,记录各频点对应的幅度,并描点作图,与理论设计的幅频曲线比对,作误差分析。实际测量幅频曲线与理论曲线均需附在实验报告中,指出 FIR 滤波器系数的设计参数指标。

3) 记录 FIR 核心算法程序执行时间以及采样时间,判断该系统是否实时。

4) 利用数码显示管添加语句或者编写子程序,使之能够显示实验完成日期。

12.7 注 意 事 项

1) 运行 CCS 集成开发软件后,务必确保 DSP 实验箱电源加载正常。

2) 信号源在连接实验箱前,务必保证信号幅度控制在±0.5V 以内。当需改变信号时,可以更改信号波形和频率。

12.8　实　验　思　考

1) 观察各种输入信号通过数字滤波器系统之后的输出波形,解释信号失真原因。

2) 加载由汇编语言编写的 FIR 滤波器程序,测量运算时间,分析 C 语言效率低的原因。

3) 以该 FIR 滤波器系统为例,分析系统实时性的取决因素。

实验 13　使用 TI 库函数实现 FIR 滤波器

13.1　实 验 目 的

1) 理解库函数中的 FIR 滤波实现算法。
2) 理解定点 DSP 中数的定标、有限字长、溢出等概念。
3) 掌握 TI 库函数的使用方法。
4) 理解算法实现中"实时"的概念。
5) 掌握 DSP 开发过程以及基本调试方法。

13.2　实 验 仪 器

计算机，C2000 DSP 教学实验箱，XDS510 USB 仿真器，示波器，信号源。

13.3　实 验 内 容

针对 FIR 算法，结合 TI 的滤波器库函数文件，编写合理的 C 语言程序，使之能够正确调用 FIR 库函数。

建立、编译并链接 DSP 工程文件，利用现有 DSP 平台验证 FIR 滤波器算法功能，测量算法的实时性，并与"实验 12　FIR 滤波器的 DSP 实现"进行比较，分析两种实现算法在功能和性能上的差异。

13.4　实 验 准 备

13.4.1　实验流程

实验之前首先必须掌握 FIR 滤波器的设计、实现结构、验证方法。结合现有的 DSP 实验平台，构建程序结构，考虑算法的有限字长效应，避免 DSP 实现时计算溢出而导致的错误。必要时通过计算机算法仿真，权衡数据精度和动态范围，确定合理的定标方法。

结合 TI 的滤波器库函数使用说明，明确 FIR 滤波器库函数接口定义、数据表示特点，掌握库函数的调用方法。阅读库函数中提供的 Matlab 脚本文件说明，掌握 FIR 滤波器系数产生方法。根据 FIR 滤波器库函数使用说明，在"实验 11　DSP 数据采集"的基础上，正确编写 C 程序，调用 TI 库函数，实现 FIR 滤波器算法。算法功能上的仿真可以利用 CCS 集成开发环境中数据 IO 来模拟信号的输入，验证算法精度与功能的正确。算法的性能测试包括滤波特性和实时性的测试,测试方法同"实验 12　FIR 滤波器的 DSP 实现"。通过与实验 12 的程序性能比较,重点分析使用库函数实现 FIR 滤波器性能优越的原因,总结 C 程序与汇编程序的特点,归纳两者使用的场合。

13.4.2　程序流程

FIR 滤波器算法属于典型的数据流处理方式,每到达一个新数据,就必须进行一次计算,更新输出。因此,当一次采样完成之后,就可以进行 FIR 核心算法,并将计算结果输出给 DAC。

因此,和 DSP 数据采集实验类似,用 DSP 实现实时的 FIR 信号处理算法必须依赖于 ADC、DSP 和 DAC 三大基本部件。充分利用 DSP 片上 ADC 外设,实现模拟信号的采样,并由 DSP 完成 FIR 核心算法,由 C2000 DSP 教学实验箱中 DAC1(AD768)来完成数字到模拟的还原。在"实验 11　DSP 数据采集"实验的基础上,我们对程序流程稍加改动,就可实现完整数字 FIR 滤波器功能。程序流程如图 13.1 所示。

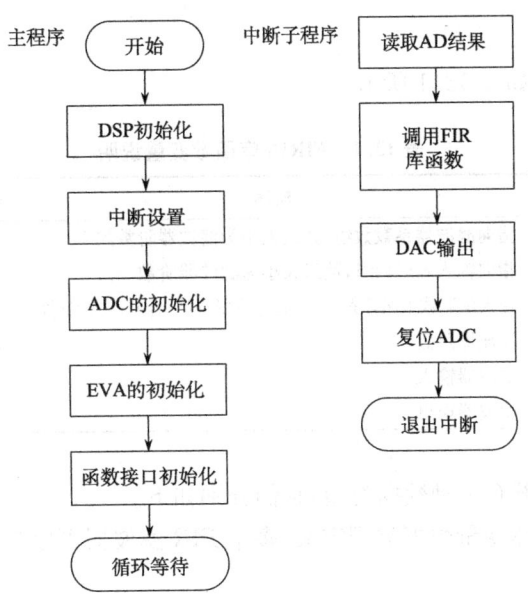

图 13.1　FIR 滤波器程序流程

13.4.3　FIR 库函数

TI 公司为开发者提供了诸多的库函数,以方便用户直接调用、提高开发效率。一般而言,TI 公司提供的库函数充分考虑了 DSP 芯片的汇编指令特点,对算法进行了优化设计,因此效率较高,比开发者编写的 C 程序执行速度快,被广大开发者直接运用到了用户程序中。FIR 滤波器库函数被包含在 filter.lib 文件中,其函数名称为 FIR16,如图 13.2

图 13.2 FIR16 库函数示意图

所示。

FIR16 库函数是 16bit 定点函数,内部使用 DMAC 汇编指令实现 FIR 滤波算法,可在一个时钟周期内完成两个延迟节的乘加运算,最高支持 255 阶滤波器运算。库函数使用 C 语言的结构体来定义,格式如下:

```
typedef struct {
    long * coeff_ptr;           /*指针变量,指向滤波器系数数组*/
    long * dbuffer_ptr;         /*指针变量,指向输入延迟数据数组*/
    int cbindex;                /*输入延迟数组循环索引变量*/
    int order;                  /*滤波器阶数变量*/
    int input;                  /*当前输入信号变量*/
    int output;                 /*滤波器输出变量*/
    void( * init)(void * );     /*函数指针,指向初始化函数*/
    void( * calc)(void * );     /*函数指针,指向 FIR 滤波器运算函数*/
}FIR16;
```

变量的具体说明如表 13.1 所示。

表 13.1 FIR16 库函数变量说明

输入/输出	变量名称	描述	格式	范围
输入	coef_ptr	指向滤波器系数数组,数组大小为滤波器阶数加 1	NA	NA
	dbuffer_ptr	指向输入延迟数组,数组大小为滤波器阶数	NA	NA
	cnbindex	输入延迟数组循环索引,根据滤波器阶数由函数自行计算	Q0	0x0000~0x00FE
	order	滤波器阶数	Q0	0x0001~0x00FF
	input	滤波器输入	Q15	0x8000~0x7FFF
输出	output	滤波器输出	Q15	0x8000~0x7FFF

FIR16 结构体内部有三种数据类型,它们分别如下。

(1) FIR16:结构体变量数据类型定义,多个 FIR 滤波器可以简单地用 FIR16 类型来定义。

(2) FIR16_handle:用户定义数据类型,指向 FIR16 函数的指针。

(3) FIR16_DEFAULTS:结构体常数,用于初始化用户定义的 FIR16 结构体内部变量。

FIR16 结构体内部有两个方法函数,它们分别是 void init(FIR16_handle)和 void calc(FIR16_handle)。这两个函数分别用于完成滤波器的初始化和滤波器的计算。

下面是一个 50 阶滤波器的 FIR16 实现应用说明,滤波器系数数组 FIR16_LPF50 和 FIR16_DEFAULTS 的定义在 FIR.H 头文件中。

/*滤波器阶数定义*/
＃define FIR_ORDER 50

```
/*定义FIR16类型的结构体,并完成初始化,将FIR16类型的数据放入到firfilt块中*/
    #pragma DATA_SECTION(fir,"firfilt");
    FIR16 fir = FIR16_DEFAULTS;
/*定义50阶的输入延迟数组,将该数组放入到firldb块中*/
    #pragma DATA_SECTION(dbuffer,"firldb");
    long dbuffer[(FIR_ORDER+2)/2];
/*定义滤波器系数数组,并将该数组放入到.econst或.const块中*/
    const long coeff[(FIR_ORDER+2)/2] = FIR16_LPF50;
main( )
  {   fir.dbuffer_ptr = dbuffer;
      fir.coeff_ptr = (long*)coeff;
      fir.order = FIR_ORDER;
      fir.init(&fir);
  }
void interrupt isr( )
  {   fir.input = xn;
      fir.calc(&fir);
      yn = fir.output;
  }
```

其中:firfilt 和 firldb 块必须存放到数据 RAM 中,并且 firldb 的首地址必须对齐 256 个 words 的边界。

FIR16 库函数使用 TMS320C2000 特有的 DMAC 汇编指令实现滤波器的乘加运算,在一个时钟周期可完成两次 16bit 的乘加运算,因此较普通的乘加滤波器运算可以节省一半的运算时间。具体的 DMAC 指令功能如图 13.3 所示。

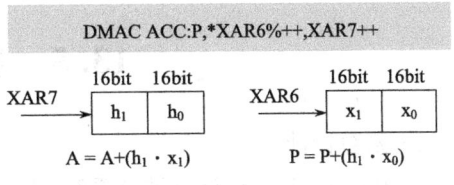

图 13.3 DMAC 指令功能示意图

注:XAR6 指向输入延迟数组,%表示采用 C28x 的循环寻址方式,XAR7 指向滤波器系数数组

输入延迟数组采用循环寻址机制,使得当 XAR6 指针到达数组最后一个数后,能够重新指向数组的第一个数,实现指针的自动复位循环。由于 C28x 的循环寻址范围最大是 256 个 words,因此该 FIR 滤波器模块最大可完成 255 阶的 FIR 滤波运算。DMAC 指令要求 XAR7 指向程序空间,由于 C28x 程序与数据空间统一编址,因此 XAR7 可选用 0x000000~0x3FFFFF 任何一段有效的数据空间。

13.4.4 Matlab 脚本程序

由于系数编排的特殊性,TI 公司编写了相应的 Matlab 脚本程序构建 FIR16 相应的滤波器系数,脚本程序名称为 ezfir16.m。在 Matlab 界面中执行该程序,可根据用户需要生成滤波器系数,该系数可直接复制到 C 语言程序中。执行 ezfir16.m 脚本,可得到如下提示界面:

ezFIR FILTER DESIGN SCRIPT
Input FIR Filter order(Even for BS and HP Filter):
Low Pass   :1
High Pass   :2
Band Pass   :3
Band Stop   :4
Select Any one of the above Response:
Hamming   :1
Hanning   :2
Bartlett   :3
Blackman   :4
Select Any one of the above window:
Enter the Sampling frequency:
Enter the corner frequency(FC):
Enter the name of the file for coeff storage:

该程序要求依次输入滤波器阶数、滤波器类型、窗函数类型、采样频率、截止频率和系数保存文件名称。程序执行完成后,会在 ezfir16.m 当前目录下产生系数文件,并且绘制出滤波器的幅频和相频特性曲线,对照曲线可验证系数设计是否正确。

13.5 实 验 步 骤

1) 系数设计

利用 ezfir16.m 设计滤波器系数,保存相应的系数文件。

2) 设备检查

检查仿真器、C2000 DSP 实验箱、计算机之间的连接是否正确,打开计算机和实验箱电源。

3) 启动集成开发环境

点击桌面 CCS 2(C2000)快捷方式,进入集成开发环境 CCS。

4) 建立工程

新建一个 DSP 工程,编辑源程序、配置命令等相关文件,往工程中添加这些程序文件。

在"实验 11 DSP 数据采集"实验程序的基础上,在工程中添加 filter.lib 库文件,修改并在主程序中包含头文件 fir.h,添加滤波器系数数组到程序中,在中断程序内添加 FIR16 算法模块,完成 FIR 算法程序。设置 GPIO 的输出控制,使之能够完成算法执行时间测量的工作。

建立工程(Build),若出错,则根据错误提示修改源程序文件或者配置命令文件,直至编译、链接正确,生成可执行的.out文件。

5) 加载程序

在主菜单下,选择"File→Load Program",将程序下载到DSP内部。

6) 算法功能验证

在中断服务子程序恰当的地方设置探针点,利用文件IO的方式,输入x数据(具体方法参见"实验9 DSP开发基础实验");在FIR算法结束处设置断点,验证FIR滤波器算法的正确性。输入的数据可具有一定的特殊性,用以进行特例验证。

若计算结果不正确,则进行程序的调试。调试关键在于现象重现、错误定位,可以利用各种调试手段,如打开寄存器窗口、变量窗口等辅助手段,根据数值和实验原理查找错误原因,修改程序直至正确。

解决错误后,再重新恢复原错误程序,观察错误现象是否重现,以确定错误的唯一性。

7) 算法实时性验证

去除程序中的探针点和断点,重新全速运行程序,测量采样频率以及FIR算法的核心执行时间,判断该系统是否实时。

若非实时,则优化程序,修改系统参数,直至满足实时要求。

8) 系统测试

打开信号源,产生一个合适频率(ADC的采样频率必须满足奈奎斯特采样定律)的正弦信号,信号幅度控制在±0.5V以内,验证后将信号通过INPUT1接口输入到DSP中。

打开示波器,将C2000实验箱中的OUT3接口输出到示波器上,并正确设置。

全速运行程序,调节信号源输出正弦信号的频率,记录各频点的示波器上输出幅度。描点作图,与理论幅频特性曲线比较,分析是否满足设计要求。

13.6 实验要求

1) 独立完成项目编译、链接、调试的全过程。

2) 当输入信号为正弦信号时,改变正弦信号频率,观察示波器,记录各频点对应的幅度并描点作图,与理论设计的幅频曲线比对,作误差分析。实际测量幅频曲线与理论曲线均需附在实验报告中,指出FIR滤波器系数的设计参数指标。

3) 记录FIR核心算法程序执行时间和采样时间,判断该系统是否实时。

4) 利用数码显示管,添加语句或者编写子程序,使之能够显示实验完成日期。

13.7 注意事项

1) 运行CCS集成开发软件后,务必确保DSP实验箱电源加载正常。

2) 信号源在连接实验箱前,务必保证信号幅度控制在±0.5V以内。当需改变信号时,可以更改信号波形和频率。

13.8 实验思考

1) 在相同滤波器参数前提下,比较实验12与实验13的FIR滤波器计算时间,分析实验13计算时间少的原因,总结系统实时性取决的因素。

2) 结合"实验10 任意信号发生器",思考如何利用实验中的线性调频信号,直接在示波器上观察所设计滤波器幅频特性曲线,讨论实现方法并设计程序结构。

实验 14 使用 TI 库函数实现 IIR 滤波器

14.1 实验目的

1) 理解库函数中的 IIR 滤波实现算法。
2) 理解定点 DSP 中数的定标、有限字长、溢出等概念。
3) 掌握 TI 库函数的使用方法。
4) 理解算法实现中实时的概念。
5) 掌握 DSP 开发过程以及基本调试方法。

14.2 实验仪器

计算机,C2000 DSP 教学实验箱,XDS510 USB 仿真器,示波器,信号源。

14.3 实验内容

针对 IIR 算法,结合 TI 的滤波器库函数文件编写合理的 C 语言程序,使之能够正确调用 IIR 库函数。

建立、编译并链接 DSP 工程文件,利用现有 DSP 平台验证 IIR 滤波器算法功能,测量算法的实时性,验证 IIR 滤波器实现性能。

14.4 实验准备

14.4.1 IIR 算法结构

有限冲激响应(FIR)滤波器和无限冲激响应(IIR)滤波器在工程实现的选择上,除了考虑理论设计的难易程度、性能上的差别外,还要考虑经济性,如硬件的复杂性、计算速度等因素。一般来说,如果不考虑相位特性,用 IIR 滤波器能够以最低的阶数来实现给定的幅度响应技术指标。

IIR 滤波器差分方程如式(14.1)所示,其系统函数如式(14.2)所示:

$$y[n] = \sum_{k=0}^{M} b_k x[n-k] - \sum_{k=1}^{N} a_k y[n-k] \qquad (14.1)$$

$$H(z) = \frac{\sum_{k=0}^{M} b_k z^{-k}}{1 - \sum_{k=1}^{N} a_k z^{-k}} \tag{14.2}$$

其中:y 表示输出序列,x 表示输入序列,a_k,b_k 表示滤波器系数。IIR 滤波器有着多种实现结构,如直接Ⅰ型、直接Ⅱ型、级联型、并联型等,这些结构在无限精度运算时系统特性保持一致,但在有限精度运算(定点字长效应)时,它们的特性却可能有很大的区别。在定点实现系统中,直接Ⅰ型与直接Ⅱ型滤波器对系数的量化效应很敏感,量化后由新系数构成的滤波器特性与原有的滤波器有很大的改变,往往无法满足系统性能指标,工程实践中很少采用。工程实现中一般将直接Ⅰ型或直接Ⅱ型滤波器系统函数进行分解,分解成多个直接Ⅱ型二阶节(Second Order Section,SOS),再将这些二阶节级联或并联起来构成完整的 IIR 滤波器。由二阶节构成的级联型 IIR 滤波器实现结构如图 14.1 所示,图中为一个 4 阶 IIR 滤波器,由两个二阶节级联构成。

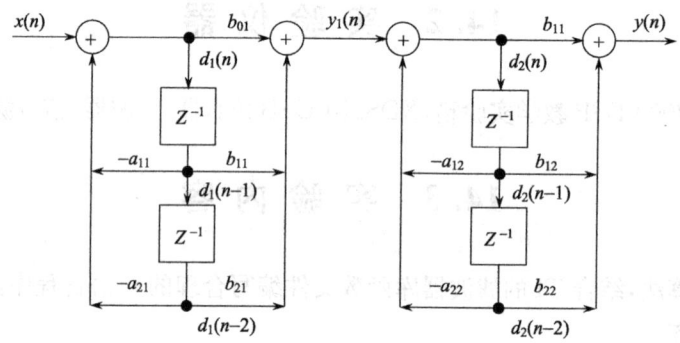

图 14.1　由两个二阶节级联构成的 IIR 滤波器结构示意图

IIR 滤波器系数设计时必须保证系统通带内增益小于 1,即每个二阶节的节点输出增益均小于 1,才能避免定点系统中的溢出现象。对上述结构来说,就是调整前一个二阶节的系数 b 来达到这一目的。根据这一原理,可以自己编写 Matlab 脚本程序来实现这一功能,或者直接使用 TI 公司提供的脚本程序来生成 IIR 滤波器系数。

14.4.2　程序流程

IIR 滤波器算法属于典型的数据流处理方式,每到达一个新数据,就必须进行一次计算,更新输出。因此,当一次采样完成之后,就可以进行 IIR 核心算法,并将计算结果输出给 DAC。

因此,和"实验 11　DSP 数据采集"类似,用 DSP 实现实时的 IIR 信号处理算法必须依赖于 ADC、DSP 和 DAC 三大基本部件。充分利用 DSP 片上 ADC 外设实现模拟信号的采样,并由 DSP 完成 IIR 核心算法,由 C2000 DSP 教学实验箱中 DAC1(AD768)来完成数字到模拟的还原。在数据采集实验基础上,我们对程序流程稍加改动,就可实现完整数字 IIR 滤波器功能,程序流程如图 14.2 所示。

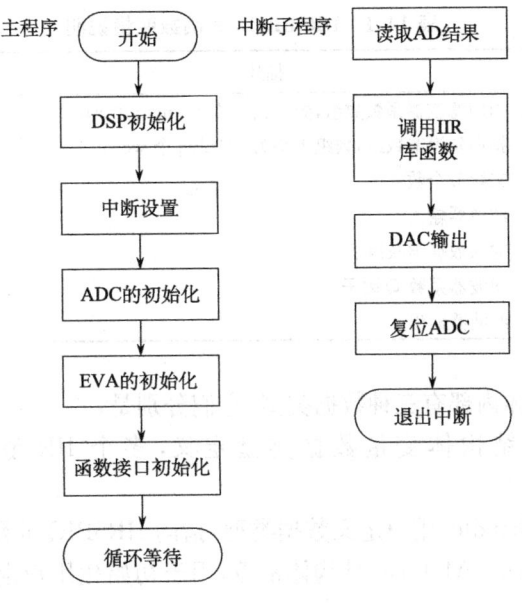

图 14.2　IIR 滤波器程序流程

14.4.3　IIR 库函数

IIR 滤波器库函数被包含在 filter.lib 文件中,其函数名称为 IIR5BIQ16,它用二阶节级联滤波器结构来实现 IIR 滤波器,如图 14.3 所示。

图 14.3　IIR 库函数示意图

IIR5BIQ16 库函数是 16bit 定点函数,库函数使用 C 语言的结构体来定义,格式如下:

```
typedef struct {
    void( * init)(void * );      /* 函数指针,指向初始化函数 */
    void( * calc)(void * );      /* 函数指针,指向 IIR 运算函数 */
    int * coeff_ptr;             /* 指针变量,指向系数数组 */
    int * dbuffer_ptr;           /* 指针变量,指向延迟缓冲数组 */
    int nbiq;                    /* 二阶节个数变量 */
    int input;                   /* 当前输入信号变量 */
    int isf;                     /* 输入数据缩减因子变量 */
    int qfmat;                   /* 系数的 Q 因子变量 */
    int output;                  /* 滤波器输出变量 */
}IIR5BIQ16;
```

IIR5BIQ16 库函数变量的具体说明如表 14.1 所示。

表 14.1 IIR5BIQ16 库函数变量说明

输入/输出	变量名称	描述	格式	范围
输入	coeff_ptr	指向滤波器系数数组，数组大小为 5×nbiq 个 word	NA	NA
	dbuffer_ptr	指向延迟节数组，数组大小为 2×nbiq 个 word	NA	NA
	nbiq	二阶节个数	Q0	0x0001~0x07FF
	input	滤波器输入	Q15	0x8000~0x7FFF
	isf	输入数据缩减因子	M.N	0x8000~0x7FFF
	qformat	滤波器系数 Q 因子	Q0	0x0000~0x000F
输出	output	滤波器输出	Q14	0xC000~0x3FFF

IIR5BIQ16 结构体内部有三种数据类型，它们分别是，

(1) IIR5BIQ16：结构体变量数据类型定义，多个 IIR 滤波器可以简单地用 IIR5BIQ16 类型来定义。

(2) IIR5BIQ16_handle：用户定义数据类型，指向 IIR5BIQ16 函数的指针。

(3) IIR5BIQ16_DEFAULTS：结构体常数，用于初始化用户定义的 IIR5BIQ16 结构体内部变量。

IIR5BIQ16 结构体内部有两个方法函数，它们分别是 void init(IIR5BIQ16_handle) 和 void calc(IIR5BIQ16_handle)。这两个函数分别用于完成滤波器的初始化和滤波器的计算。

下面是一个应用 IIR5BIQ16 实现 IIR 滤波器的程序说明，滤波器系数数组的定义在 IIR.H 头文件中。

```
/*定义 iir 位于 iirfilt 块中*/
#pragma DATA_SECTION(iir,"iirfilt");
/*创建 iir 为结构体变量并初始化*/
IIR5BIQ16 iir = IIR5BIQ16_DEFAULTS;
/*定义 dbuffer 位于 iirfilt 块中*/
#pragma DATA_SECTION(dbuffer,"iirfilt");
/*创建 dbuffer 数组*/
int dbuffer[2 * IIR16_LPF_NBIQ];
/*定义滤波器系数数组，并将系数定义到非易失的 .econst 或 .const 存储空间块中*/
const int coeff[5 * IIR16_LPF_NBIQ] = IIR16_LPF_COEFF;
main( )
{   iir.dbuffer_ptr = dbuffer;
    iir.coeff_ptr = (int *)coeff;
    iir.qfmat = IIR16_LPF_QFMAT;
    iir.nbiq = IIR16_LPF_NBIQ;
    iir.isf = IIR16_LPF_ISF;
```

```
        iir.init(&iir);
    }
    void interrupt isr( )
    {   iir.input = xn;
        iir.calc(&iir);
        yn = iir.output;
    }
```

其中：iirfilt 块可以定义到任何一个数据存储空间 RAM 中。

14.4.4 Matlab 脚本程序

由于系数编排的特殊性，TI 公司编写了相应的 Matlab 脚本程序构建 IIR5BIQ16 库函数相应的滤波器系数，脚本程序名称为 eziir16.m。在 Matlab 界面中执行该程序，可根据用户需要生成滤波器系数，该系数可直接复制到 C 语言程序中。执行 eziir16.m 脚本，可得到如下提示界面：

```
ezIIR FILTER DESIGN SCRIPT
    Butterworth                :1
    Chebyshev(Type 1)          :2
    Chebyshev(Type 2)          :3
    Elliptic                   :4
    Select Any one of the above IIR Filter Type:
    Low pass                   :1
    High Pass                  :2
    Band Pass                  :3
    Band Stop                  :4
    Select Any one of the above Response:
    Enter the Sampling frequency:
    Enter the Pass band Ripples in dB(RP):
    Enter the stop band Rippled in dB(RS):
    Enter the pass band corner frequency(FP):
    Enter the stop band corner frequency(FS):
    Enter the name of the file for coeff storage:
```

该程序要求依次输入滤波器特性、滤波器类型、采样频率、通带波纹容限、阻带波纹容限、通带边界频率和阻带边界频率系数保存文件名称。程序执行完成后，会在 eziir16.m 当前目录下产生系数文件，并且绘制出滤波器的幅频和相频特性曲线，对照曲线可验证系数设计是否正确。

14.5 实验步骤

1) 系数设计

利用 eziir16.m 设计滤波器系数,保存相应的系数文件。

2) 设备检查

检查仿真器、C2000 DSP 实验箱、计算机之间的连接是否正确,打开计算机和实验箱电源。

3) 启动集成开发环境

点击桌面 CCS 2(C2000)快捷方式,进入集成开发环境 CCS。

4) 建立工程

新建一个 DSP 工程,编辑源程序、配置命令等相关文件,并在工程中添加这些程序文件。

在"实验 11 DSP 数据采集"程序的基础上,往工程中添加 filter.lib 库文件,修改并在主程序中包含头文件 iir.h,添加滤波器系数数组到程序中,在中断程序内添加 IIR5BIQ16 算法模块,完成 IIR 算法程序设置 GPIO 的输出控制,使之能够完成算法执行时间测量的工作。

建立工程(Build),若出错,则根据错误提示,修改源程序文件或者配置命令文件,直至编译、链接正确,生成可执行的 .out 文件。

5) 加载程序

在主菜单下,选择"File→Load Program",将程序下载到 DSP 内部。

6) 算法功能验证

在中断服务子程序恰当的地方设置探针点,利用文件 IO 的方式,输入 x 数据(具体方法参见"实验 9 DSP 开发基础实验");在 IIR 算法结束处设置断点,验证 IIR 滤波器算法的正确性。输入的数据可具有一定的特殊性,用以进行特例验证。

若计算结果不正确,则进行程序的调试。调试关键在于现象重现、错误定位,可以利用各种调试手段,如打开寄存器窗口、变量窗口等辅助手段,根据数值和实验原理查找错误原因,修改程序直至正确。

解决错误后,再重新恢复原错误程序,观察错误现象是否重现,以确定错误的唯一性。

7) 算法实时性验证

去除程序中的探针点和断点,重新全速运行程序,测量采样频率和 IIR 算法的核心执行时间,判断该系统是否实时。

若非实时,则优化程序,修改系统参数,直至满足实时要求。

8) 系统测试

打开信号源,产生一个合适频率(ADC 的采样频率必须满足奈奎斯特采样定律)的正弦信号,信号幅度控制在±0.5V 以内,验证后将信号通过 INPUT1 接口输入到 DSP 中。

打开示波器,将 C2000 实验箱中的 OUT3 接口输出到示波器上,并正确设置。

全速运行程序,调节信号源输出正弦信号的频率,记录各频点的示波器上输出幅度。

描点作图,与理论幅频特性曲线比较,分析是否满足设计要求。

14.6　实验要求

1) 独立完成项目编译、链接、调试的全过程。

2) 当输入信号为正弦信号时,改变正弦信号频率,观察示波器,记录各频点对应的幅度,并描点作图,与理论设计的幅频曲线比对,作误差分析。实际测量幅频曲线与理论曲线均需附在实验报告中,指出 IIR 滤波器系数的设计参数指标。

3) 记录 IIR 核心算法程序执行时间以及采样时间,判断该系统是否实时。

4) 利用数码显示管,添加语句或者编写子程序,使之能够显示实验完成日期。

14.7　注意事项

1) 运行 CCS 集成开发软件后,务必确保 DSP 实验箱电源加载正常。

2) 信号源在连接实验箱前,务必保证信号幅度控制在 ± 0.5V 以内。当需改变信号时,可以更改信号波形及其频率。

14.8　实验思考

1) 在相同滤波器参数前提下,比较"实验 14　使用 TI 库函数实现 IIR 滤波器"与"实验 13　使用 TI 库函数实现 FIR 滤波器"中两种滤波器在幅频特性、阶数、运算时间等性能上的差异。

2) 除了实验中提到的方法,如何将滤波器系数定点化,使之既能满足精度要求,又能使系统稳定?尝试在程序中实现。

3) 分析 ADC 采样字长和 DSP 运算字长对系统实现性能的影响。

实验 15　基于 DSP 的实时频谱分析

15.1　实验目的

1) 掌握 FFT(快速傅里叶变换)算法基本流程。
2) 掌握系统实现硬件构架。
3) 掌握 TI 库函数的使用方法。
4) 理解算法实现中"实时"的概念。
5) 掌握 DSP 开发过程以及基本调试方法。

15.2　实验仪器

计算机，C2000 DSP 教学实验箱，XDS510 USB 仿真器，示波器，信号源。

15.3　实验内容

针对 FFT 算法，结合 TI 相应的库函数文件编写合理的 C 语言程序，使之能够正确调用 FFT 库函数。

建立、编译并链接 DSP 工程文件，利用现有 DSP 平台验证 FFT 算法功能，测量算法的实时性。利用信号源、示波器验证系统正确性，观察信号的有效频谱。

15.4　实验准备

15.4.1　算法基础

DFT(离散傅里叶变换)是一种将信号进行时频转换的算法，其算法如式(15.1)所示：

$$X[k] = \sum_{n=0}^{N-1} x[n] w_N^{nk} \tag{15.1}$$

其中：$X[k]$ 表示信号的第 k 个频谱分量，$x[n]$ 表示信号第 n 个时域采样点，w_N^{nk} 为旋转因子

$$w_N^{nk} = e^{-j2\pi \frac{nk}{N}} \tag{15.2}$$

因此，从式(15.2)可知，完成一次 N 点的 DFT 算法，需要 N^2 次复乘和 $N^2 - N$ 次复加运算。利用旋转因子的对称性，采用基 2-FFT 算法，实现一次 N 点的傅里叶变换，仅需要

$(N/2)\log_2 N$ 次复乘和 $N\log_2 N$ 次复加运算,可大大减少复乘与复加次数,提高算法实现效率。图 15.1 是 8 点基 2-FFT 算法示意图,图中采用的是倒序输入、顺序输出的方式。

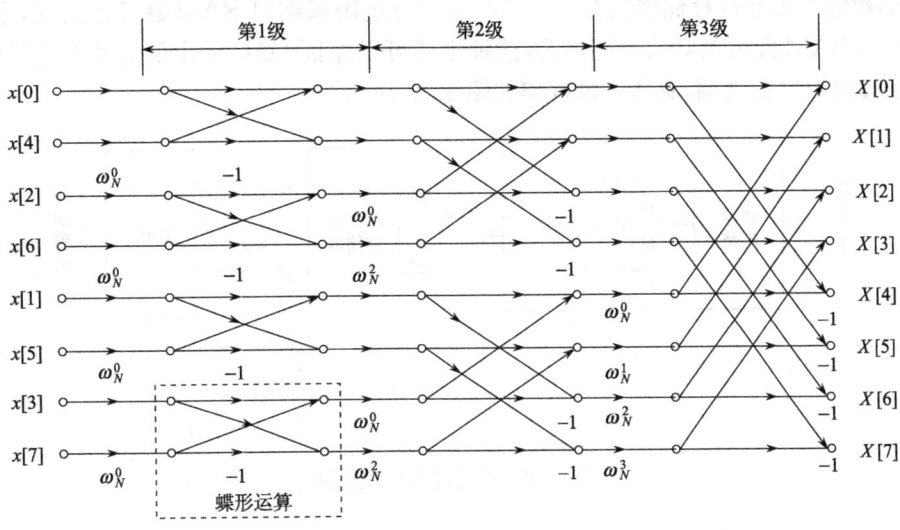

图 15.1 8 点基 2-FFT 算法示意图

从图 15.1 中可见,算法由最基本的蝶形运算构成,每级需要 $N/2$ 次蝶形运算,每级有 N 个复数输出,共需要 $2N$ 个存储空间。其次,对于蝶形运算的输入,必须按照位倒序的顺序进行排列。

由此,FFT 算法基本流程如图 15.2 所示。TI 库函数中的 FFT 算法由位倒序模块、窗函数加权模块、虚部赋零模块、FFT 核运算模块、幅度求模模块这五大部分构成,其中窗函数加权、虚部赋零、幅度求模可根据实际需要选用。模块下方标注了对应的模块函数名称。

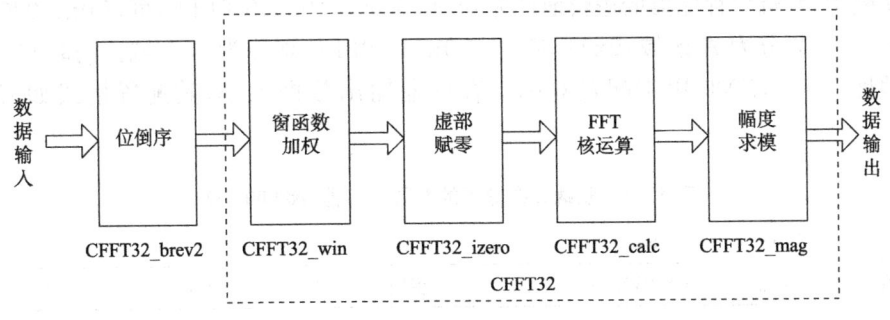

图 15.2 FFT 算法基本流程

15.4.2 系统构架

常规 FFT 算法属于典型的数据帧处理方式,每接收一帧数据(N 个采样点)时,才进行运算并输出一帧结果（N 个频谱值）。

为保证 FFT 的一帧数据输出结果以相同速率送至 DAC 进行模拟还原，DSP 计算出 FFT 的数值必须经过存储器缓存。这种存储器可选用双端口 RAM 器件来实现，系统中将双端口 RAM 配置为乒乓存储模式，这种模式可以保证 DAC 输出的等速率连续性，方便在示波器上进行观测，具体实现框架如图 15.3 所示。

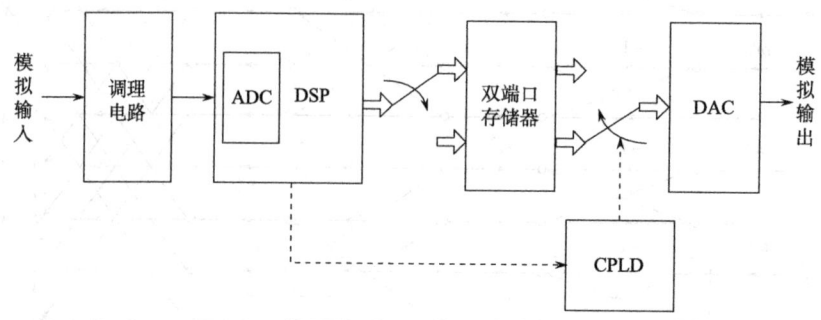

图 15.3　系统硬件实现框架

信号经过模拟调理电路之后，通过 TMS320F2812 内部的 ADC 外设进行采样，采样一帧数据后进行 FFT 运算，并将运算输出结果保存到双端口存储器中。双端口存储器工作在乒乓模式下，即当 DSP 输出的 FFT 结果保存到双端口存储器 A 逻辑区域后，DSP 控制 CPLD 将双端口存储器 A 区域内数据以固定频率输出至 DAC；当 DSP 完成下一帧数据计算时，将 FFT 结果保存到 B 区域后，则 DSP 控制 CPLD 将双端口存储器 B 区域内数据输出至 DAC。对双端口存储器而言，DSP 写入的数据区域与输出至 DAC 的数据区域永远位于两个逻辑部分。双端口存储器数据输出至 DAC 的时钟频率为 375kHz。

实验中，双端口存储器的逻辑地址为 0x00080000～0x00080FFF，可将 0x00080000～0x000807FF 划分为 A 区域，0x00080800～0x00080FFF 划分为 B 区域。同时 CPLD 的端口地址 0x00002D00 用于配置双端口存储器输出数据大小，其配置格式如表 15.1 所示。

表 15.1　双端口存储器的配置寄存器 0x00002D00

7	6	5	4	3	2	1	0
保留	保留	USBWK	LCD	保留	FP[1:0]		DACTR

位	名称	说明
5	USBWK	USB 芯片唤醒位。0：休眠；1：唤醒
4	LCD	LCD 背光显示。0：关；1：点亮
2～1	FP[1:0]	双端口存储器输出点数。00：256；01：512；10：1024；11：2048
0	DACTR	双端口存储器输出区域。0：0x00080000～0x000807FF；1：0x00080800～0x00080FFF

15.4.3 程序流程

FFT 运算需要一定的采样点,因此数据获取可借鉴"实验 11 DSP 数据采集",只有当完成固定的采样点数时,才进行 FFT 运算,需要设置一个采样计数值来判断。具体 FFT 的运算可采用 TI 提供的库函数,编写适当的接口程序以调用 FFT 库函数,加快程序设计。把 FFT 结果缓存到双端口存储器,同时设置双端口存储器的配置寄存器,以控制存储器的输出区域。具体程序流程如图 15.4 所示。

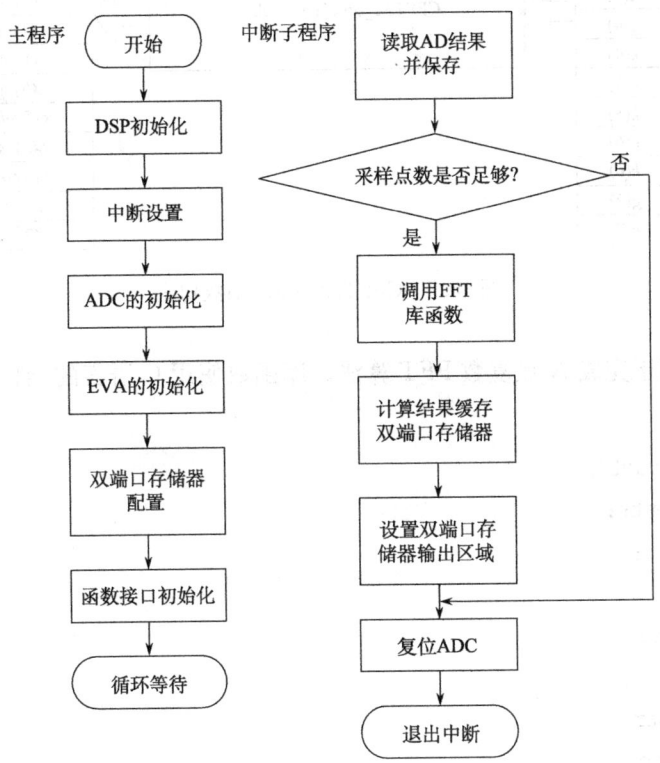

图 15.4 DSP 实现频谱分析的程序流程

15.4.4 FFT 库函数

实验中采用复数 FFT(CFFT32)模块来实现实数的 FFT 算法。如图 15.2 所示,算法需要两个库函数,其一是位倒序函数 CFFT32_brev2,其二是 FFT 算法函数 CFFT32。

位倒序函数读取顺序排列的实数数据,将倒序后实数数据存放到目的地址,如式(15.3)所示,其功能如图 15.5 所示。

$$\text{void CFFT32\_brev2(int} * \text{src,int} * \text{dst,int size)} \tag{15.3}$$

其中:src 为输入数据数组指针,dst 为倒序输出复数数组指针(数组首地址必须对齐 4× size words 的边界),size 为排序数组大小,数组大小必须是 2 的整数次幂。

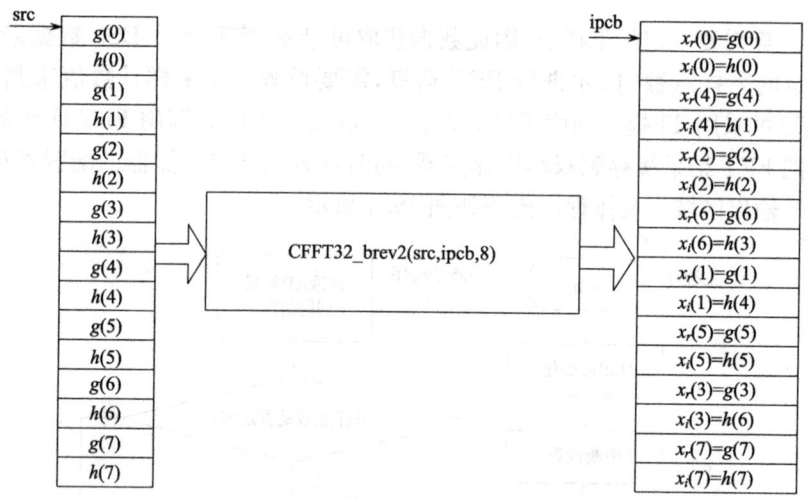

图 15.5　CFFT32_brev2 函数功能

CFFT32 用于完成 N 点复数 FFT 算法。库函数使用 C 语言的结构体来定义,格式如下:

```
typedef struct {
long * ipcbptr;
long * tfptr;
int size;
int nrstage;
long * magptr;
long * winptr;
long peakmag;
int peakfrq;
int ratio;
void( * init)(void * );
void( * izero)(void * );
void( * calc)(void * );
void( * mag)(void * );
void( * win)(void * );
}CFFT32;
```

CFFT32 库函数变量的具体说明如表 15.2 所示。

实验15 基于DSP的实时频谱分析

表 15.2　CFFT32 库函数变量说明

输入/输出	变量名称	描述	格式	大小(32bit word)
输入	ipcbptr	指针变量,指向 FFT 缓冲数组,指针必须对齐 4N word 边界	NA	2N
	winptr	指针变量,指向窗函数系数数组	NA	$N/2$
	magptr	指针变量,指向频谱幅度数组	NA	N
输出	peakmag	幅度谱峰值	Q30	—
	peadfrq	幅度谱峰值所在谱单元	Q0	—

CFFT32 结构体内部有三种数据类型,它们分别如下。

(1) CFFT32:结构体变量数据类型定义,多个 FFT 函数可以简单地用 CFFT 类型来定义。

(2) CFFT32_handle:用户定义数据类型,指向 CFFT32 函数的指针。

(3) CFFT32_xxxP_DEFAULTS:xxx=128,256,512,1024。结构体常数,用于初始化 CFFT32 结构体函数内部变量,xxx 可以是 128,256,512 或者 1024 四个数值中的一个,表示 FFT 运算点数。

CFFT32 结构体内部有五个方法函数,具体说明如下。

1) void init(CFFT32_handle)

该函数用于初始化 FFT 运算的蝶形因子,将其系数存储到"FFTtf"块中。

2) void izero(CFFT32_handle)

该函数用于把计算缓冲数组中虚数部分赋 0。

3) void calc(CFFT32_handle)

该函数用于计算 N 点的基 2 算法 FFT 程序,输入数据是由 ipcbptr 指向的位倒序后的数组(Q31 格式),输出数据顺序存放在由 ipcbptr 指向的数组(Q31 格式)。ipcbptr 指向的数组长度必须是 4N word(2 倍于 FFT 的点数)。

4) void win(CFFT32_handle)(可选)

该函数用于对位倒序后的输入数据进行加窗运算,加权系数存放到由 winptr 指向的数组(Q31 格式)。窗函数可以是汉明窗(Hamming)、汉宁窗(Hanning)、布莱克曼窗(Blackman),点数可以是 128,256,512 或 1024。窗函数定义见头文件 fft.h。

5) void mag(CFFT32_handle)(可选)

该函数用于计算复数 FFT 的幅度谱(即复数 FFT 结果求模),计算输出存放在由 magptr 指向的数组(Q30 格式)。

下面是一个 128 点实数 FFT 的实现应用说明,该程序中输入数据顺序存放到由 ipcb 指向的数组中,窗函数使用 128 点的汉明窗。

```
/*定义 FFT 长度*/
#define N 128
/*定义 ipcb 存放到数据块 FFTipcb 中*/
#pragma DATA_SECTION(ipcb,"FFTipcb");
/*定义 mag 存放到数据块 FFTmag 中*/
```

```
#pragma DATA_SECTION(mag,"FFTmag");
/*定义结构体 fft 并初始化*/
CFFT32 fft = CFFT32_128P_DEFAULTS;
/*定义 ipcb 数组,数组长度 2N*/
long ipcb[2*N];
/*定义 mag 数组,数组长度 N*/
long mag[N];
/*定义窗函数系数数组 win 常量,数组长度 N/2*/
const long win[N/2] = HAMMING128;
main( )
{   /*FFT 初始化*/
    /*fft.ipcbptr 指向 ipcb 数组*/
    fft.ipcbptr = ipcb;
    /*fft.magptr 指向 mag 数组*/
    fft.magptr = mag;
    /*fft.magptr 指向窗系数 win 数组*/
    fft.winptr = (long*)win;
    /*旋转因子初始化*/
    fft.init(&fft);/*Twiddle factor pointer initialization*/
    /*ipcb 数组赋值*/
    ...
    /*ipcb 数组位倒序排列*/
    CFFT32_brev2(ipcb,ipcb,128)
    /*窗函数加权计算*/
    fft.win(&fft);
    /*输入数组 ipcb 虚部赋 0*/
    fft.izero(&fft);
    /*FFT 计算*/
    fft.calc(&fft);
    /*FFT 结果求模计算*/
    fft.mag(&fft);
}
```

算法执行过程中,要求 ipcbptr 指向的数组地址必须 4N word(16bit)边界对齐,这样位倒序程序才能正常执行。对于 128 点 FFT 运算,链接所需的 cmd 文件必须包含如下指令:

```
FFTipcb   ALIGN(512)   :  {}>L0L1RAM PAGE 1
FFTmag                  >L0L1RAM PAGE 1
```

FFTtf	>NVMEM PAGE 0/ * Non volatile memory * /
.econst	>NVMEM PAGE 0/ * Non volatile memory * /

FFTipcb 块用于 FFT 计算缓存，FFTmag 块用于保存 FFT 幅度谱，这两个块必须设置到 DSP 芯片的数据存储空间中。FFTtf 块、.econst 块用于存放窗函数系数，这两个块必须设置到 DSP 芯片的程序存储空间中。

15.5 实 验 步 骤

1）参数设计

设计合理的 ADC 采样频率、FFT 运算点数，选择合适的窗函数。

2）设备检查

检查仿真器、C2000 DSP 实验箱、计算机之间的连接是否正确，打开计算机和实验箱电源。

3）启动集成开发环境

点击桌面 CCS 2(C2000)快捷方式，进入集成开发环境 CCS。

4）建立工程

新建一个 DSP 工程，编辑源程序、配置命令等相关文件，并在工程中添加这些程序文件。

在"实验 11 DSP 数据采集"程序的基础上，往工程中添加 fft.lib 库文件，并在主程序中包含头文件 fft.h，在中断程序内添加 FFT 算法模块及相应配套语句，完成 FFT 算法程序。设置 GPIO 的输出控制，使之能够完成算法执行时间测量的工作。

建立工程（Build），若出错，则根据错误提示修改源程序文件或者配置命令文件，直至编译链接正确，生成可执行的 .out 文件。

5）加载程序

在主菜单下，选择"File→Load Program"，将程序下载到 DSP 内部。

6）算法功能验证

在中断服务子程序恰当的地方设置探针点，利用文件 IO 的方式，输入 x 数据（具体方法参见"实验 9 DSP 开发基础实验"）；在 FFT 算法相关语句设置断点，验证 FFT 算法的正确性。输入的数据可具有一定的特殊性，进行特例验证。

若计算结果不正确，则进行程序的调试。调试关键在于现象重现、错误定位，可以利用各种调试手段，如打开寄存器窗口、变量窗口等辅助手段，根据数值和实验原理查找错误原因，修改程序直至正确。

解决错误后，再重新恢复原错误程序，观察错误现象是否重现，以确定错误的唯一性。

7）算法实时性验证

去除程序中的探针点和断点，重新全速运行程序。测量采样频率和 FIR 算法的核心执行时间，判断该系统是否实时。

若非实时，则优化程序，修改系统参数，直至满足实时要求。

8）系统测试

打开信号源,产生一个合适频率(ADC 的采样频率必须满足奈奎斯特采样定律)的正弦信号,信号幅度控制在±0.5V 以内,验证后将信号通过 INPUT1 接口输入到 DSP 中。

打开示波器,将 C2000 实验箱中的 OUT2 接口输出到示波器上,并正确设置。

全速运行程序,调节信号源输出正弦信号的频率,记录各频点的示波器上输出幅度与位置,计算出相应的频率,与理论数值比较。

15.6 实验要求

1）独立完成项目编译、链接、调试的全过程。

2）当输入信号为正弦信号时,改变正弦信号频率,观察示波器,记录各频点对应的幅度和示波器上时间刻度,由此计算信号频率,并与信号源输出单频信号频率比较,找出对应关系。

3）输入满足要求的方波信号,在示波器上观察方波信号频谱特征,分析与理论方波频谱的差别及其原因。

4）记录 FFT 核心算法程序执行时间以及采样时间,判断该系统是否实时。

5）利用数码显示管,添加语句或者编写子程序,使之能够显示实验完成日期。

15.7 注意事项

1）运行 CCS 集成开发软件后,务必确保 DSP 实验箱电源加载正常。

2）信号源在连接实验箱前,务必保证信号幅度控制在±0.5V 以内。当需改变信号时,可以更改信号波形和频率。

15.8 实验思考

1）对 FFT 实现算法而言,分析示波器输出频谱的频率精度与幅度精度取决的因素。

2）用示波器观察信号频谱时,示波器上的时间刻度与信号频率之间的转换关系是什么?为了方便在示波器上直接读取频率值(如时间刻度 0.2ms 对应实际 1kHz),应如何设计程序相关参数?

3）现有程序在执行 FFT 算法的过程中,不能同时获取 ADC 采样数据,因此会造成数据丢失。在现有实验平台上,如何调整程序参数,以提高频谱分析的实时性?若要求系统分析实时,不丢失任何输入数据,系统硬件结构该如何设计?

第二篇
信号分析与处理软件实验篇

实验 16　熟悉 Matlab 环境与连续时间信号的时域分析

信号可分为时间连续的连续时间信号和时间离散的离散时间信号。如果连续时间信号的幅度也连续,则称之为模拟信号,离散时间信号的幅度被量化称为数字信号。连续时间信号的时域分析主要讨论典型连续时间信号,因为它是信号分析与处理中最常用的信号,并且工程中绝大多数信号可以由这些典型信号叠加而成。

16.1　实验目的

熟悉 Matlab 环境和基本命令的执行,学会简单的 Matlab 程序的编写与调试,加深对常用典型信号的理解。

16.2　实验原理

了解 Matlab 集成运行环境,迅速掌握基本 Matlab 语言的编程规律和编程方法,初步掌握 Matlab 调试方式。

常用连续时间信号主要包括典型信号和奇异信号。典型信号有矩形脉冲信号、指数信号、正弦信号和抽样信号等;奇异信号有单位冲激偶信号、单位冲激信号、单位阶跃信号、单位斜变信号。本实验通过 Matlab 编程实例,了解典型信号的波形,并学会简单的编程与调试。运用 Matlab 绘制连续时间信号波形时,实际上得到的是离散信号波形,只是离散间隔很小,画出的波形视觉上可以看成连续时间信号。

16.3　实验内容

16.3.1　Matlab 的操作界面

启动 Matlab 后,系统将打开如图 16.1 所示的默认操作界面。界面中包含标题栏、菜单栏、工具栏和状态栏,它为用户提供了集成的交互式图形界面。

在 Matlab 操作界面中,窗口是其重要组成部分,它由命令窗口、工作空间窗口、当前目录窗口和历史命令窗口等组成。Matlab 的其他窗口可以通过界面的 View 菜单设置。

工作空间是 Matlab 为保存工作过程中的变量和数据而在内存开辟的一块存储区域。工作空间窗口列出了当前工作空间中所有变量的详细信息,包括矩阵的大小、字节数和类型,在工作空间中双击指定的变量,就可以对各元素进行浏览和编辑。工作空间在 Matlab 启动时为空,退出时其内容将不再保留。为了保存工作空间的数据,可以用文件菜单中的"Save Workspace As"实现；下次启动 Matlab 时，用文件菜单中的"Import Data"加载到当前工作空间。

当前目录窗口列出了当前工作目录的位置，用户可以在此窗口中更改和设置 Matlab 的当前工作目录。历史命令窗口会列出用户前面所执行过的 Matlab 命令，在该窗口中双击选定的命令，即可重复执行该命令。命令窗口是用户使用 Matlab 的主要窗口，Matlab 通过命令窗口为用户提供交互式的工作环境，用户可随时输入命令，Matlab 即时给出运算结果。

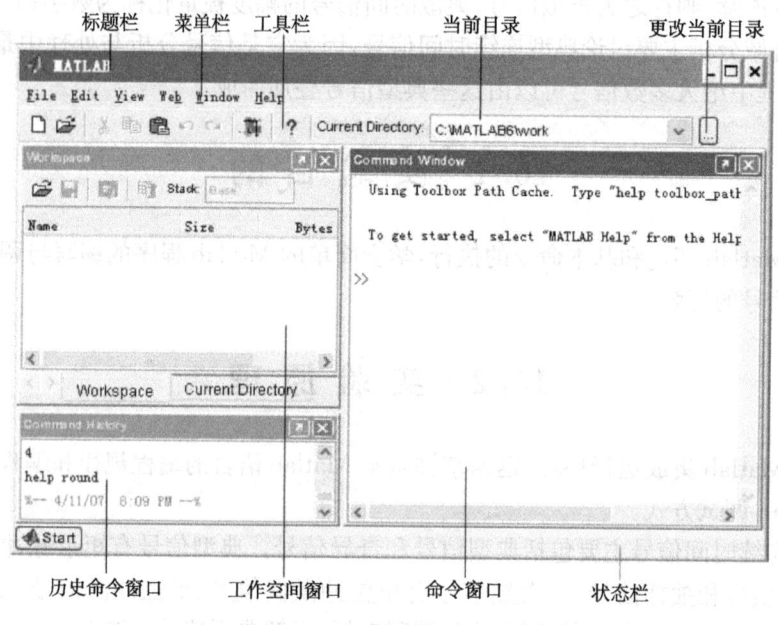

图 16.1 Matlab 的操作界面

16.3.2 Matlab 语言编程和 M 文件

Matlab 语言是 Matlab 系统的组成部分，它是一个基于矩阵运算的快速解释性高级语言，不用经过编译和链接，可以直接运行，效率远远高于其他高级语言。

Matlab 通过运行 Matlab 语句来执行用户的操作。它可以提供两种基本的工作方式。

(1) 命令行方式：可以完成简单的用户任务，是一种交互式的工作方式。用户在命令窗口直接输入 Matlab 命令并按回车后，系统执行该命令的同时给出结果。若需要多条命令才能完成，则需在命令窗口中逐条输入相应命令才行。

(2) M 文件方式：用户需要运行的一组命令，以 Matlab 的专用文件格式——M 文件格式进行保存，用户通过 M 文件来执行相应的命令。M 文件是 Matlab 专用的 ASCII 码文本文件，用来保存用户需要一次执行的多条 Matlab 命令。对已存在的 M 文件，用户可以在命令窗口直接输入文件名并回车，系统将搜索并逐一运行该文件中的命令。

M 文件分为 M 脚本文件(Script File)和 M 函数文件两种类型,M 脚本文件由 Matlab 的命令行构成 ASCII 码文本文件。运行 M 脚本文件相当于在命令窗口中按 M 脚本文件的顺序逐条输入并运行;M 脚本文件在运行过程中生成的所有变量均驻留在工作空间中,所有的命令和文件共享这些变量;M 脚本文件的扩展名为"*.m"。

M 函数文件也是由 Matlab 的命令行构成的 ASCII 码文本文件,扩展名为"*.m",用户可以通过输入参量和输出参量来调用 M 函数文件。它由四个部分组成。

(1) 函数说明语句:位于 M 函数文件的第一行,必须以关键字"function"开头,格式如下,

function[输出参数 1,输出参数 2,…]=函数名(输入参数 1,输入参数 2,…)

M 函数文件保存的文件名应与用户定义的函数名一致,输入参数和输出参数并不是必需的。

(2) 帮助文本行:是紧随函数说明语句之后以注释符%开头的第一注释行。该行包括大写体的函数名和函数功能的简要描述。

(3) 在线帮助文本区:在帮助文本行之后以%开头的若干注释行。所有注释行通过 help 命令进行函数在线帮助查询时显示。

(4) 函数体:是实现该 M 函数文件功能的 Matlab 命令组合。

M 函数文件所定义的变量为内部变量,又称局部变量。函数运行结束后,函数中定义的变量不再保存;若用户需要在多个 M 函数文件中使用相同的变量,可以定义全局变量,由指令"global"实现。

Matlab 为用户提供了专用的 M 文件编辑器,用户可以进行 M 文件的创建、保存、编辑和调试等工作。有一点需要注意,M 文件和 M 函数的文件名不能有汉字,并且文件必须存放在【Set path】所指定的目录中,其目录名称中也不能有汉字。

16.3.3 Matlab 程序的调试

与其他可视化编程语言相比,Matlab 程序的调试要简单得多。对于运行中的程序,一般可以通过指令窗中出现的出错信息来解决,Matlab 会在指令窗中给出程序的哪个文件和哪行出现错误。

当程序比较复杂时,可以利用 M 文件编辑器的调试菜单进行程序调试。菜单有【Debug】菜单和【Breakpoint】菜单,其中,【Debug】菜单中有若干菜单项,它们主要用于完整运行一个程序或单步执行程序;【Breakpoint】菜单也有若干菜单项,它们主要用于设置和清除断点,当程序执行到断点时就停止运行,这样就可以发现错误会发生在哪里。

16.3.4 不同连续信号波形比较

在同一绘图窗口中绘制四个典型连续信号,观察比较不同信号波形区别,通过比较加深对这些典型信号的理解:

(1) 单位冲激信号:$\delta(t)$;
(2) 单位阶跃信号:$u(t)$;
(3) 抽样信号:$Sa(t)$;
(4) 矩形脉冲信号:$u(t+1)-u(t-1)$。

下面是绘制单位阶跃信号的程序,其他三个信号的波形绘制程序类似。Matlab 绘制的单位阶跃信号的时域波形如图 16.2 所示。

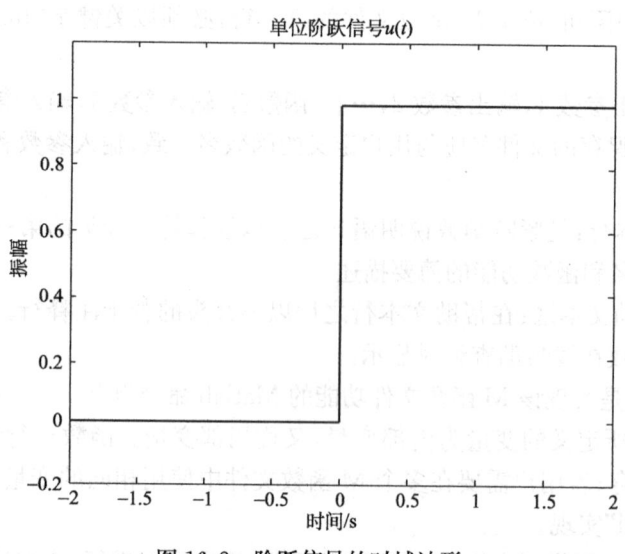

图 16.2 阶跃信号的时域波形

```
% 在(-2,2)区间单位阶跃信号 u(t)
t = -2:0.01:0;tt = 0:0.01:2;
n = length(t);          % 取向量 t 的维数
nn = length(tt);        % 取向量 tt 的维数
u = zeros(1,n);         % 小于 0 取 0
uu = ones(1,nn);        % 大于 0 取 1
plot(tt,uu);            % 连续阶跃信号的波形
hold on;                % 保持已绘制图形
plot(t,u);plot([0,0],[0,1]);
hold off;title('单位阶跃信号 u(t)');
axis([-2,2,-0.2,1.5])   % 坐标轴范围
xlabel('时间/s');ylabel('振幅');
```

16.3.5 不同参数指数信号波形比较

已知下列四个指数信号。在同一绘图窗口中绘制指数信号不同参数的波形,观察并比较不同参数对信号波形的影响,从而了解参数变化引起信号波形变化的规律:

(1) $x_1(t)=2\mathrm{e}^{-2t}u(t)$;

(2) $x_2(t)=2\mathrm{e}^{-t/2}u(t)$;

(3) $x_3(t)=\mathrm{e}^{-2t}u(t+0.5)$;

(4) $x_4(t)=\mathrm{e}^{-t/2}u(t-0.5)$。

下面是绘制连续指数信号 $x_1(t),x_3(t)$ 波形的程序,其他两个信号的波形绘制程序类似。Matlab 绘制的指数信号的时域波形如图 16.3 所示。

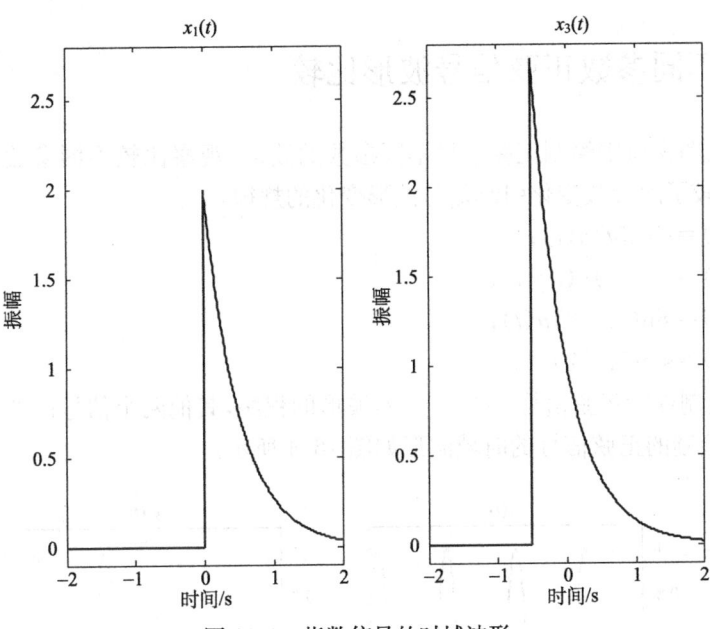

图 16.3 指数信号的时域波形

```
%在(-2,2)区间绘制指数信号 x1(t),x3(t)
t = -2:0.01:0;tt = 0:0.01:2;
n = length(t);                          %取向量 t 的维数
u = zeros(1,n);                         %小于 0 取 0
x1 = 2 * exp(-2 * tt);subplot(1,2,1);
plot(tt,x1);                            %绘制 t>0 的波形
hold on;                                %已绘制波形保持
plot(t,u);                              %绘制 t<0 的波形
line([0,0],[0,2]);                      %不连续点用线段连接
hold off;title('x1(t)');
xlabel('时间/s');ylabel('振幅');
axis([-2,2,-0.1,2.8]);                  %坐标轴范围
t2 = -2:0.01:-0.5;tt2 = -0.5:0.01:2;
n2 = length(t2);                        %取向量 t 的维数
u2 = zeros(1,n2);                       %小于 0 取 0
```

```
x3 = exp(-2*tt2);subplot(1,2,2);plot(tt2,x3);    % 绘制 t>-0.5 的波形
hold on;                                          % 已绘制波形保持
plot(t2,u2);                                      % 绘制 t<-0.5 的波形
line([-0.5,-0.5],[0,2.7]);                        % 不连续点用线段连接
hold off;title('x3(t)');axis([-2,2,-0.1,2.8]);    % 坐标轴范围
xlabel('时间/s');ylabel('振幅');
```

16.3.6 不同参数正弦信号波形比较

在同一绘图窗口中绘制正弦信号不同参数的波形,观察比较不同参数对信号波形的影响,通过比较了解参数变化引起信号波形变化的规律:

(1) $y_1(t) = \sin(5t)u(t)$;

(2) $y_2(t) = \sin(5t)u(t+1)$;

(3) $y_3(t) = \sin(5t+2)u(t)$;

(4) $y_4(t) = \sin(5t+2)u(t-1)$。

下面是绘制连续正弦信号 $y_2(t)$,$y_4(t)$ 波形的程序,其他两个信号的波形绘制程序类似。Matlab 绘制的正弦信号的时域波形如图 16.4 所示。

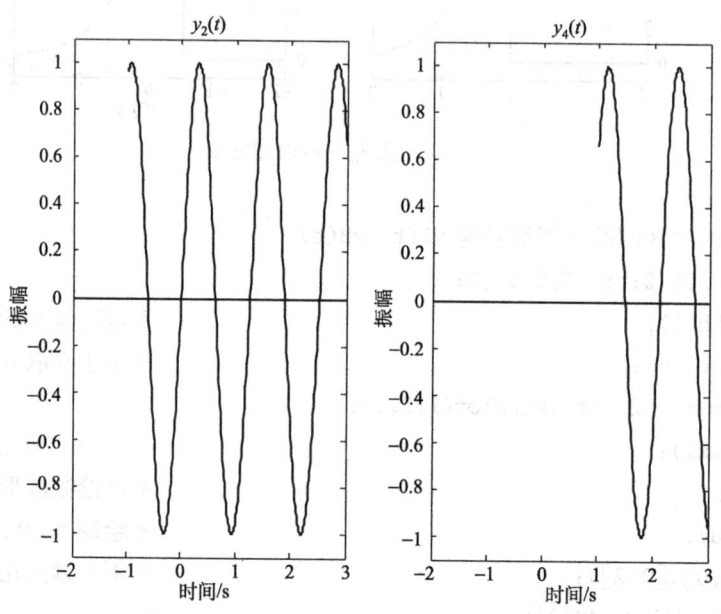

图 16.4　正弦信号的时域波形

```
% 在(-2,3)区间绘制正弦信号 y2(t),y4(t)
t=-1:0.01:3;y2=sin(5*t);subplot(1,2,1);
plot(t,y2);                     % 绘制 t>-1 的波形
```

```
hold on;                    %已绘制波形保持
line([-2,3],[0,0]);         %绘制横坐标
hold off;title('y2(t)');
xlabel('时间/s');ylabel('振幅');
axis([-2,3,-1.1,1.1]);      %坐标轴范围
t2 = 1:0.01:3;y4 = sin(5*t2+2);subplot(1,2,2);
plot(t2,x3);                %绘制 t>-0.5 的波形
hold on;                    %已绘制波形保持
line([-2,3],[0,0]);         %绘制横坐标
hold off;title('y4(t)');
axis([-2,3,-1.1,1.1]);      %坐标轴范围
xlabel('时间/s');ylabel('振幅');
```

16.4 实验要求

编写绘制上述未完成的各信号 Matlab 程序,程序中所用到的函数需加适当注释,保存程序运行波形。

16.5 思 考 题

1）如何进行 Matlab 程序调试？掌握断点与单步调试方法。
2）用 Matlab 如何绘制连续时间信号的连续波形？
3）比较不同典型信号与不同奇异信号的区别。
4）比较典型信号的不同参数变化对时域波形的影响。

实验 17　连续时间信号的时域分析

17.1　实验目的

熟悉连续时间信号的基本运算，通过典型信号的运算可以构成新的信号，新的信号可以丰富信号的种类。

17.2　实验原理

信号的基本运算包括单个信号的反褶、时移、尺度变换、微分(差分)和积分(求和)；单个信号的数乘和多次变换；两个信号之间的相加、相减、相乘和卷积。

1. 单个信号的运算

设原连续信号为 $x(t)$，那么，

(1) 信号反褶：$x(-t)$；

(2) 信号时移：$x(t-t_0)$；

(3) 信号尺度变换：$x(at)$；

(4) 信号微分和积分：$\dfrac{\mathrm{d}x(t)}{\mathrm{d}t}$，$\int_{-\infty}^{t} x(\tau)\mathrm{d}\tau$；

(5) 连续信号数乘：$kx(t)$。

2. 两个信号之间的运算

设原连续信号分别为 $x_1(t)$，$x_2(t)$，那么，

(1) 信号相加：$x_1(t)+x_2(t)$；

(2) 信号相减：$x_1(t)-x_2(t)$；

(3) 信号相乘：$x_1(t)x_2(t)$；

(4) 信号卷积：$x_1(t) * x_2(t) = \int_{-\infty}^{+\infty} x_1(t-\tau)x_2(\tau)\mathrm{d}\tau$。

3. 信号的分解

(1) 信号偶分量：$x_\mathrm{e}(t)=\dfrac{1}{2}[x(t)+x(-t)]$；

(2) 信号奇分量：$x_\mathrm{o}(t)=\dfrac{1}{2}[x(t)-x(-t)]$。

17.3 实验内容

17.3.1 单个连续信号的运算

1. 连续矩形脉冲的运算

在同一绘图窗口中,绘制连续矩形脉冲信号的四种运算后的波形图,将这些不同的运算波形与原图比较,加深对这些运算方法的理解。设 $x(t)=u(t)-u(t-2)$ 为原信号,下列是不同运算的信号:

(1) $x_1(t)=x(-t)$;
(2) $x_2(t)=x(t+2)$;
(3) $x_3(t)=x(2t)$;
(4) $x_4(t)=3 \cdot x(t)$。

下面是绘制上述信号 $x_1(t)$, $x_3(t)$ 程序清单,其他两个信号的波形绘制程序类似。Matlab 绘制单个连续信号运算的波形如图 17.1 所示。

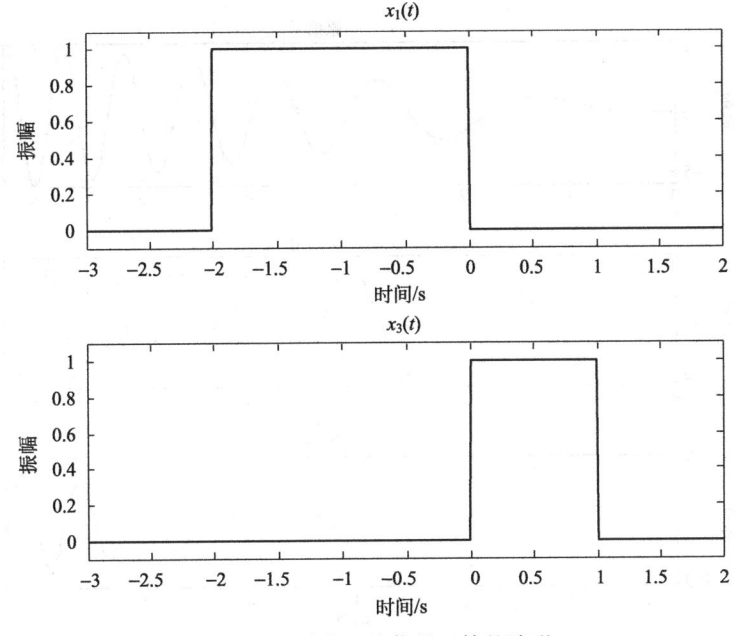

图 17.1 单个连续信号运算的波形

```
% 在(-3,2)区间信号 x1(t),x3(t)的波形
t = -3:0.01:2;
y = rectpuls(t+1,2);    % 调用矩形脉冲函数
subplot(2,1,1);
plot(t,y);title('x1(t)');
```

```
xlabel('时间/s');ylabel('振幅');
axis([-3,2,-0.1,1.1]);    %坐标轴范围
y2 = rectpuls(t-0.5,1);   %调用矩形脉冲函数
subplot(2,1,2);plot(t,y2);
title('x3(t)');
axis([-3,2,-0.1,1.1]);    %坐标轴范围
xlabel('时间/s');ylabel('振幅');
```

2. 正弦信号的运算

设 $x(t)=t\sin(t^2)u(t)$ 为原信号,在 $(0,2\pi)$ 计算原信号的微分和积分,并将原信号及其计算结果绘制出三条曲线,比较结果:

(1) $y_1(t) = \int_0^{2\pi} x(\tau)\mathrm{d}\tau$;

(2) $y_2(t) = \dfrac{\mathrm{d}x(t)}{\mathrm{d}t}$。

下面是绘制信号 $y_1(t)$,$y_2(t)$ 程序清单,Matlab 绘制单个连续信号的波形如图 17.2 所示。

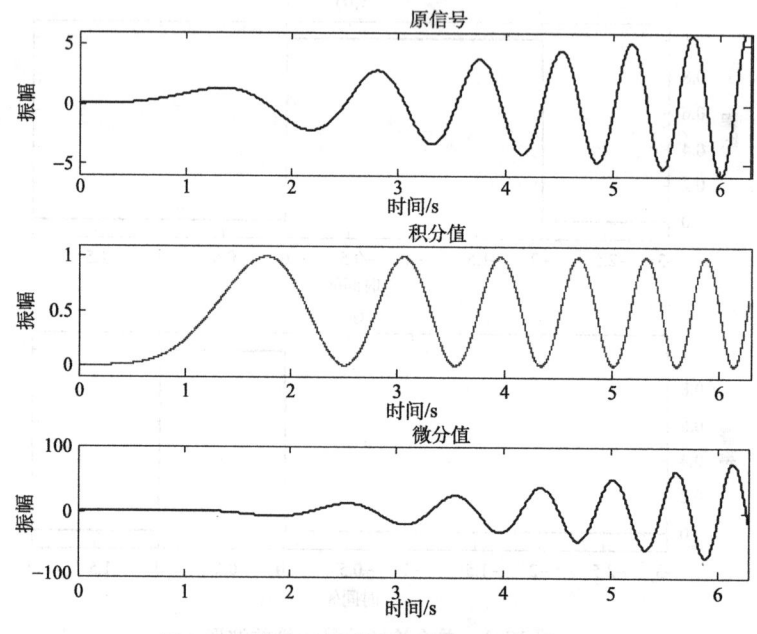

图 17.2 单个连续信号积分与微分后的波形

```
%在(0,2*pi)区间绘制信号的微分和积分运算后波形
t = 0:0.01:2*pi;y = t.*sin(t.^2);
subplot(1,3,1);plot(t,y);title('原信号');
xlabel('时间/s');ylabel('振幅');
axis([0,2*pi,-6,6]);    %坐标轴范围
```

```
subplot(1,3,2);s = 0;
for k = 0:0.001:2 * pi
    F = inline('k. * sin(k.^2)');
    y1 = quad(F,k,k + 0.001);   % 调用积分函数
    s = s + y1;hold on;plot(k,s);
end
hold off;title(' 积分值 ');axis([0,2 * pi, - 0.1,1.1]);   % 坐标轴范围
xlabel(' 时间/s');ylabel(' 振幅 ');
y2 = diff(y);   % 调用微分函数
subplot(1,3,3);t2 = 0:0.01:2 * pi - 0.01;plot(t2,y2);title(' 微分值 ');axis([0,2 * pi, -1,1]);
xlabel(' 时间/s');ylabel(' 振幅 ');
```

17.3.2 两个连续信号的运算

设两个信号分别为：$f_1(t)=u(t)-u(t-2)$，$f_2(t)=t[u(t+1)-u(t-1)]$，用 Matlab 绘制下列信号的时域波形：

(1) $y_1(t)=f_1(t)+f_2(t)$；
(2) $y_2(t)=f_1(t)-f_2(t)$；
(3) $y_3(t)=f_2(t)-f_1(t)$；
(4) $y_4(t)=f_1(t) \cdot f_2(t)$。

为了编程方便,在工作目录下定义函数 Heaviside 为单位阶跃信号,其函数程序如下：

```
function f = Heaviside(t)
f = (t>0);   % t>0 时 f 为 1,否则为 0
```

我们利用上述单位阶跃函数和 Matlab 软件符号运算方法编写的连续信号 $y_1(t)$，$y_3(t)$时域波形程序如图 17.3 所示,其他两个信号的波形程序类似。

```
syms t;                                              %定义符号变量
f1 = sym('Heaviside(t) - Heaviside(t - 2)');         %信号 f1(t)的符号表达式
f2 = t * sym('Heaviside(t + 1) - Heaviside(t - 1)'); %信号 f2(t)的符号表达式
y1 = f1 + f2;y3 = f2 - f1;                           %两信号相加、相减
subplot(2,1,1);ezplot(y1);                           %符号函数二维作图
line([2,2],[0,1]);line([-1.1,2.1],[0,0]);            %画横坐标和完善波形
title('y1(t)');axis([-1.1,2.1, -1.1,2.1]);           %设定波形绘制范围
xlabel(' 时间/s');ylabel(' 振幅 ');
subplot(2,1,2);ezplot(y3);                           %符号函数二维作图
line([2,2],[-1,0]);line([-1.1,2.1],[0,0]);           %画横坐标和完善波形
title('y3(t)');axis([-1.1,2.1, -1.1,0.1]);           %设定波形绘制范围
xlabel(' 时间/s');ylabel(' 振幅 ');
```

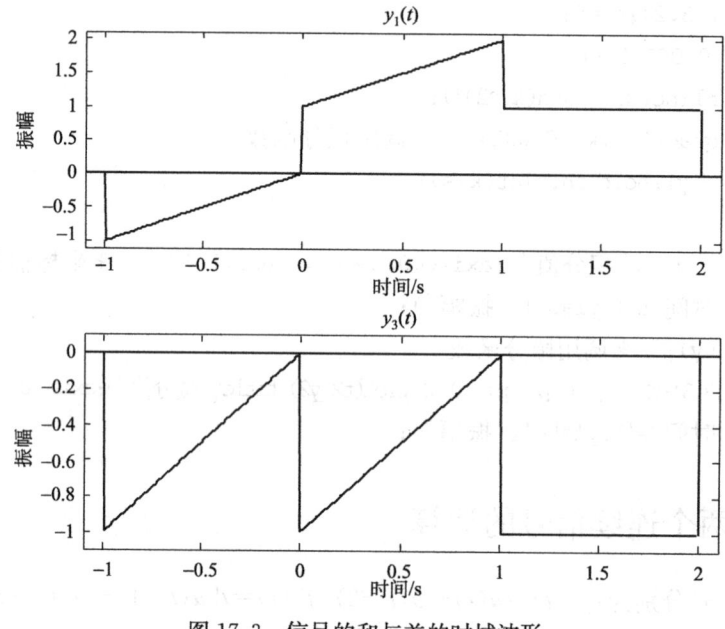

图 17.3　信号的和与差的时域波形

17.3.3　两个连续信号的卷积

在同一绘图窗口中,分别绘制两个连续信号及其卷积后的波形图,将其卷积结果与原信号相互比较,是否可以总结出一定的卷积规律?

设原连续信号分别为: $x_1(t)=3t[u(t)-u(t-2)]$, $x_2(t)=u(t)-u(t-4)$,计算两个信号的卷积积分 $s(t)=x_1(t)*x_2(t)$。下面是绘制上述信号 $x_1(t)$, $x_2(t)$ 以及 $s(t)$ 程序清单,绘制连续信号卷积后的波形,如图 17.4 所示。

```
%绘制信号以及卷积后的波形
k1 = (0:0.01:2);k2 = (0:0.01:4);p = 0.01;
f1 = 3 * k1. * ones(size(k1));f2 = ones(size(k2));
f = conv(f1,f2);f = f * p;    %计算序列1与序列2的卷积和
k0 = k1(1) + k2(1);    %计算序列f非零样值的起点位置
k3 = length(f1) + length(f2) - 2;    %计算卷积和f非零样值的宽度
k = k0:p:k0 + k3 * p;    %确定卷积和f非零样值的时间向量
subplot(2,2,1);plot(k1,f1);    %在子图1绘制f1(t)时域波形图
title('x1(t)');subplot(2,2,2);plot(k2,f2);    %在子图2绘制f2(t)时域波形图
xlabel('时间/s');ylabel('振幅');
title('x2(t)');subplot(2,2,3);plot(k,f);    %画卷积s(t)的时域波形
xlabel('时间/s');ylabel('振幅');
h = get(gca,'position');h(3) = 2.4 * h(3);    %将第三个子图的横坐标范围扩为原来的2.4倍
set(gca,'position',h);title('s(t) = x1(t) * x2(t)');
```

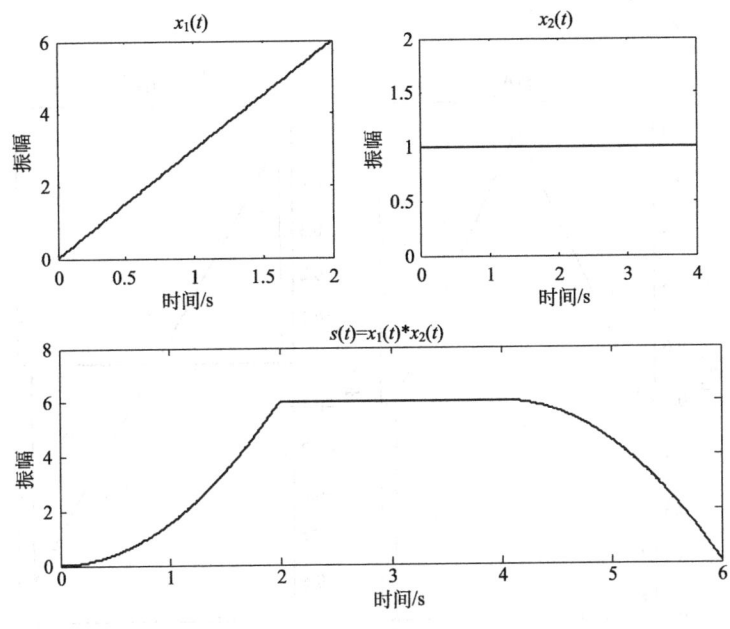

图 17.4 连续信号卷积后波形

xlabel('时间/s');ylabel('振幅');

若 $x_2(t)$ 改为 $x_2(t)=u(t)-u(t-2)$,修改程序,观察卷积后的结果。

17.3.4 连续信号的奇偶分量分解

已知连续信号 $f(t)$,如图 17.5 所示,在同一绘图窗口中,分别绘制该连续信号的奇分量和偶分量,观察信号的奇分量和偶分量相加后是否能得到原信号。下面是绘制信号 $f_e(t),f_o(t)$ 程序清单,绘制连续信号奇分量与偶分量的波形,如图 17.6 所示。

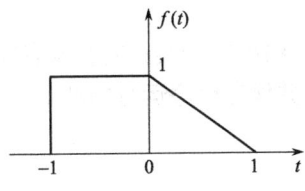

图 17.5 连续信号的波形

```
syms t;f = sym('Heaviside(t+1) - t*Heaviside(t) + (t-1)*Heaviside(t-1)');
ff = subs(f,t,-t);   %符号函数变量替换,得到f(-t)
fe = 0.5*(f+ff);fo = 0.5*(f-ff);   %计算奇分量和偶分量
subplot(1,2,1);ezplot(fe,[-1.1,1.1]);
title('fe(t)');line([-1.1,1.1],[0,0]);   %画横坐标
xlabel('时间/s');ylabel('振幅');
subplot(1,2,2);ezplot(fo,[-1.1,1.1]);
title('fo(t)');line([-1.1,1.1],[0,0]);   %画横坐标
xlabel('时间/s');ylabel('振幅');
```

若信号改为 $f(t)=t[u(t)-u(t-2)]$,修改上述程序,观察该信号的奇分量与偶分量

的波形。

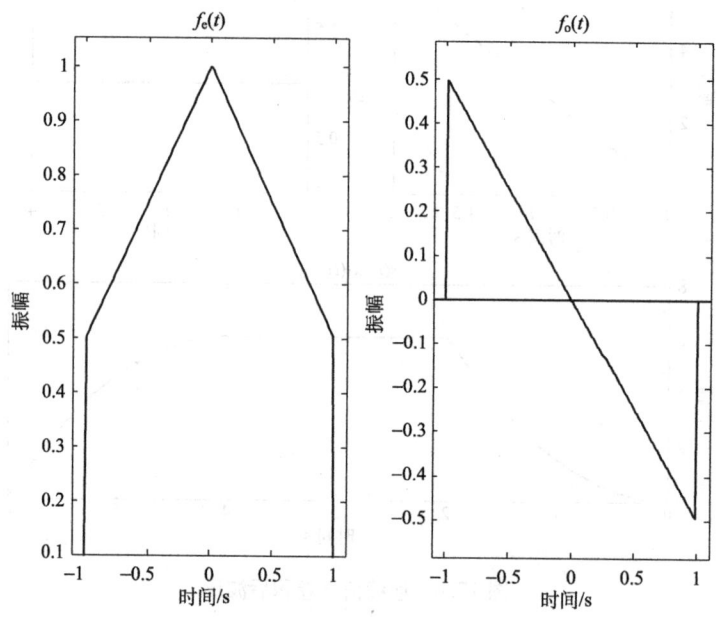

图 17.6 连续信号奇分量与偶分量的波形

17.4 实 验 要 求

给出每个实验内容没有完成部分的 Matlab 程序,程序中所用变量和函数需加适当注释,并保存程序运行的波形。

17.5 思 考 题

1) 周期性信号的运算如何实现？经过反褶、时移和尺度变换后仍是周期性信号吗？
2) 两个周期性信号经过相加、相减或相乘后,所得的信号是否仍为周期性信号？
3) 两个连续信号经过卷积后,所得的卷积信号的取值区间如何变化？有什么规律？
4) 总结两个连续信号卷积后,卷积信号非零区间的变化规律。

实验 18 连续信号的变换域分析

18.1 实验目的

利用 Matlab 程序计算周期性信号的傅里叶级数,并绘制其离散幅度谱和相位谱;计算非周期性信号的傅里叶变换,绘制其连续频谱密度;通过连续信号的频域分析,了解不同信号的频谱特征。同样利用 Matlab 程序计算连续信号的拉普拉斯变换,绘制其幅度曲面图和相位曲面图,比较同一非周期性信号的傅里叶变换和拉普拉斯变换的区别和联系。

18.2 实验原理

信号除了具有时域特征,即时域表达式和波形外,通过将时域表达式进行适当的傅里叶变换,也可以计算它的频域表达式,并在频域绘制出幅度谱和相位谱,将其称为信号的频谱。通过信号时域表达式进行单边拉普拉斯变换,可以计算它的复频域表达式,并在复频域绘制出幅度曲面谱和相位曲面谱,将其称为信号的复频谱。同样一个时域信号,既可以计算傅里叶变换,也可以计算拉普拉斯变换,两者之间存在一定的对应关系。

1. 周期性信号的傅里叶级数(周期为 T_1)

设周期性信号 $\tilde{f}(t) = \tilde{f}(t+nT_1)$,$n$ 为整数,指数形式的傅里叶级数如下:

$$\tilde{f}(t) = \sum_{n=-\infty}^{+\infty} F_n e^{jn\Omega_1 t}, \quad F_n = \int_0^{T_1} \tilde{f}(t) e^{-jn\Omega_1 t},$$

$$F_n = |F_n| e^{j\varphi_n}, \quad \Omega_1 = \frac{2\pi}{T_1}$$

其中:$|F_n|$ 为幅度谱,φ_n 为相位谱。

2. 非周期性信号的傅里叶变换

设非周期性信号 $f(t)$ 的傅里叶变换如下:

$$F(j\Omega) = \int_{-\infty}^{+\infty} f(t) e^{-j\Omega t} dt \quad f(t) = \frac{1}{2\pi} \int_{-\infty}^{+\infty} F(j\Omega) e^{j\Omega t} d\Omega$$

$$F(j\Omega) = |F(j\Omega)| e^{j\varphi(\Omega)}$$

其中:$|F(j\Omega)|$ 为幅度谱,$\varphi(\Omega)$ 为相位谱。

3. 连续信号的拉普拉斯变换

设因果连续信号 $f(t)$ 的拉普拉斯变换如下:

$$F(s)=\int_0^\infty f(t)\mathrm{e}^{-st}\mathrm{d}t \quad f(t)=\frac{1}{2\pi j}\int_{\sigma-j\infty}^{\sigma+j\infty}F(s)\mathrm{e}^{st}\mathrm{d}s \quad F(s)=|F(s)|\mathrm{e}^{j\varphi(s)}$$

其中：$|F(s)|$ 为幅度曲面谱，$\varphi(s)$ 为相位曲面谱。

18.3 实验内容

1. 周期性连续信号的频谱图

绘制周期性矩形脉冲信号幅度频谱曲线，信号 $f(t)$ 的数学表达式如下：

$$f(t\pm T)=f(t), f(t)=u\left(t+\frac{\tau}{2}\right)-u\left(t-\frac{\tau}{2}\right)$$

取①$T=1,\tau=0.1$；②$T=1,\tau=0.2$；③$T=2,\tau=0.2$（单位：s），在同一绘图窗口分六个图形区，左边区绘制上述周期性矩形脉冲信号时域波形，右边区绘制不同参数下的幅度频谱曲线。图 18.1 是 $T=1,\tau=0.2$ 时周期性信号波形及其幅度谱，绘制上述图形的程序如下：

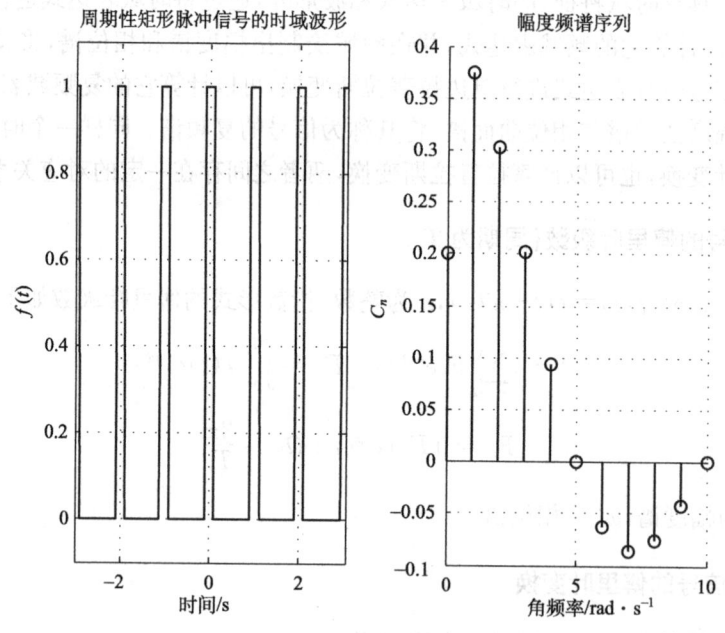

图 18.1 $T=1,\tau=0.2$ 时周期性信号波形和幅度谱

```
%绘制 T=1,t=0.2 周期性矩形脉冲信号时域波形和幅度频谱序列
T=-3:0.01:3;      %横坐标范围
D=-3:1:3;         %矩形脉冲中心偏移量
t=0.2;            %脉宽
y=pulstran(T,D,'rectpuls',t);   %调用 pulstran 函数
subplot(1,2,1);plot(T,y);grid;ylabel('f(t)');xlabel('时间/s');
```

实验 18　连续信号的变换域分析

```
title('周期性矩形脉冲信号的时域波形');axis([-3,3,-0.1,1.1]);
%幅度频谱为Cn=2[sin(pi*n*t/T)]/(pi*n)
N=10;n=1:N;C0=0.2;    %计算n=0傅里叶级数C0及直流幅度
%计算n=1到10的傅里叶级数系数
Cn=sin(pi*n/5)/pi./n.*2;   %T/t=5
CN=[C0 Cn];nN=0:N;subplot(1,2,2);stem(nN,CN);grid;
ylabel('Cn');xlabel('角频率/rad·s⁻¹');title('幅度频谱序列');
```

2. 非周期性连续信号的频谱图

绘制非周期性矩形脉冲信号幅度频谱曲线,信号 $f(t)$ 的数学表达式如下：

$$f(t) = e^{-2t}[u(t+\frac{\tau}{2}) - u(t-\frac{\tau}{2})]$$

分别取 $\tau=0.1$、$\tau=0.5$ 和 $\tau=1$ 三个参数(单位:s),在同一绘图窗口分六个图形区,左边区绘制上述非周期性矩形脉冲信号幅度频谱曲线,右边区绘制不同参数下的相位频谱曲线。图 18.2 是 $\tau=0.5$ 时非周期性信号的幅度谱和相位谱,绘制上述图形的程序如下：

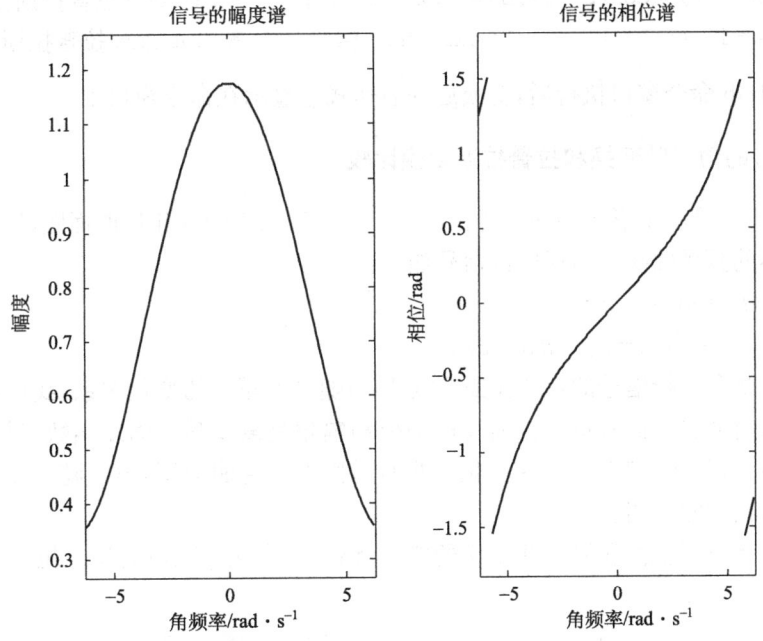

图 18.2　$\tau=0.5$ 时非周期性连续信号的幅度谱和相位谱

```
syms t;f2=exp(-2*t)*sym('(Heaviside(t+0.5)-Heaviside(t-0.5))');
subplot(121);F2=simple(fourier(f2));   %计算信号f2的傅里叶变换
ezplot(abs(F2));title('信号的幅度谱');
xlabel('角频率/rad·s⁻¹');ylabel('幅度');
im=imag(F2);re=real(F2);phase=atan(im/re);   %计算相位谱
```

```
subplot(122);ezplot(phase);title('信号的相位谱');
xlabel('角频率/rad·s⁻¹');ylabel('相位/rad');
```

3. 计算连续信号的傅里叶变换和拉普拉斯变换

计算：

(1) $f_1(t) = \dfrac{\cos 2t}{t}$ 的傅里叶变换；

(2) $F_2(j\Omega) = \pi \mathrm{Sa}(\pi\Omega)$ 的傅里叶逆变换；

(3) $f_3(t) = \mathrm{e}^{-t}\cos 2t$ 的拉普拉斯变换；

(4) $F_4(s) = \dfrac{s+1}{s(s^2+4)}$ 的拉普拉斯逆变换。

用符号表达式计算上述变换值，得到的结果也是相应的表达式，其程序如下。

```
syms t w s;f1 = cos(2*t)/t;
F1 = simple(fourier(f1));        %simple 符号表达式化简,fourier 傅里叶变换
F2 = sin(pi*w)/w;f2 = simple(ifourier(F2));   %ifourier 傅里叶逆变换
f3 = exp-(t)*cos(2*t);L3 = laplace(f3);       %laplace 拉普拉斯变换
L4 = (s+1)/(s^3+4*s);f4 = ilaplace(L4);       %ilaplace 拉普拉斯逆变换
```

在 Matlab 命令窗口执行后，变换后的表达式会显示在命令窗口中。

4. 连续信号的傅里叶变换和拉普拉斯变换比较

用 Matlab 绘制矩形脉冲的拉普拉斯变换的幅度曲面图和相位曲面图，以及该信号的傅里叶变换的频谱曲线。矩形脉冲信号如下：

(1) $f_1(t) = u(t) - u(t-4)$；

(2) $f_2(t) = 2[u(t-1) - u(t-3)]$。

为了观察和分析信号的拉普拉斯变换 $F(s)$ 随复变量 s 的变化关系,我们需要从三维几何空间的角度看。信号拉普拉斯变换的模和辐角是复变量 s 的复函数,对应着 s 平面的两个曲面。$|F(s)|$ 随复变量 s 变化的曲面图称为幅度曲面图，$\varphi(s)$ 随复变量 s 变化的曲面图称为相位曲面图。

根据拉普拉斯变换和傅里叶变换的定义和性质,信号 $f_1(t)$ 的拉普拉斯变换和傅里叶变换分别为

$$F_1(s) = (1 - \mathrm{e}^{-4s})/s, \quad F_1(j\Omega) = 4\mathrm{Sa}(2\Omega)\mathrm{e}^{-j2\Omega}$$

其程序如下，绘制的频谱和复频域曲面谱如图 18.3 所示。

```
%绘制矩形时间信号傅里叶变换曲线
w = -10:0.03:10;                              %确定频率范围
Fw = (2*sin(2*w).*exp(-i*2*w))./w;            %计算傅里叶变换
subplot(221);plot(w,abs(Fw));xlabel('角频率\Omega/rad·s⁻¹');%绘制信号幅度谱
title('傅里叶变换(幅度谱)');ylabel('幅度');
```

```
subplot(222);plot(w,angle(Fw));xlabel('角频率\Omega/rad·s^{-1}');  %绘制信号相位谱
title('傅里叶变换(相位谱)');ylabel('相位/rad');
%绘制单边矩形脉冲信号拉普拉斯变换曲面图
x = 0:0.07:5;y = -10:0.07:10;        %定义绘制曲面图的横坐标和纵坐标范围
[x,y] = meshgrid(x,y);                %产生等间隔取样点
z1 = x + i*y;z2 = x + i*y;            %确定绘图区域
z1 = abs((1 - exp(-4*z1))./z1);       %求拉普拉斯变换的幅度
subplot(223);mesh(x,y,z1);            %绘制曲面图
title('拉普拉斯变换幅度曲面图');       %求拉普拉斯变换的相位
xlabel('衰减因子');ylabel('角频率\Omega/rad·s^{-1}');zlabel('幅度');
z2 = angle((1 - exp(-4*z2))./z2);
subplot(224);mesh(x,y,z2);            %绘制曲面图
title('拉普拉斯变换相位曲面图');
xlabel('衰减因子');ylabel('角频率\Omega/rad·s^{-1}');zlabel('相位/rad');
```

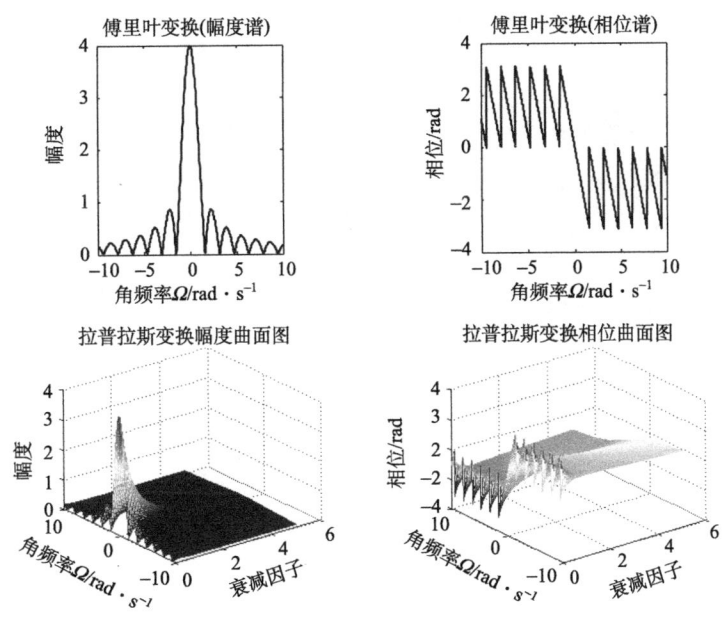

图 18.3　连续信号的频谱与复频域曲面谱

观察图 18.3,通过比较信号傅里叶变换的频谱与拉普拉斯变换的复频谱可以发现,信号的频谱是复频谱在纵坐标原点切开所见的剖面,即傅里叶变换的频谱是复频谱的特例。

18.4　实　验　要　求

给出每个实验内容没有完成部分的 Matlab 程序,程序中所用变量和函数需加适当注

释,保存程序运行波形。

18.5 思 考 题

1) 将一个非周期性连续信号延拓成周期性信号,比较非周期性信号频谱与周期性信号频谱的区别。

2) 设信号 $x(t)=te^{-2t}u(t)$,计算该信号时移、反褶和尺度变换后的傅里叶变换的幅度谱和相位谱。

3) 计算单边周期性矩形脉冲信号的拉普拉斯变换,并绘制其幅度曲面图。

实验 19　连续时间系统的时域分析

19.1　实验目的

掌握线性时不变系统的线性性和时不变性；掌握连续时间系统的时域分析方法。计算连续时间系统的零输入响应和零状态响应；计算系统的冲激响应和阶跃响应；已知线性时不变系统冲激响应和系统激励，计算系统零状态响应。

19.2　实验原理

在连续时间系统的时域分析中，主要讨论线性时不变连续系统，简称 LTI 连续系统。描述 LTI 连续系统的数学模型是线性常系数微分方程，其一般形式为

$$a_n \frac{\mathrm{d}^n y(t)}{\mathrm{d}t^n} + \cdots + a_1 \frac{\mathrm{d}y(t)}{\mathrm{d}t} + a_0 y(t) = b_m \frac{\mathrm{d}^m x(t)}{\mathrm{d}t^m} + \cdots + b_1 \frac{\mathrm{d}x(t)}{\mathrm{d}t} + b_0 x(t) \tag{19.1}$$

其中：$x(t)$，$y(t)$ 分别是系统的输入与输出，方程右边多项式系数构成行向量 $\boldsymbol{b} = [b_m, \cdots, b_1, b_0]$，方程左边多项式系数构成行向量 $\boldsymbol{a} = [a_n, \cdots, a_1, a_0]$。这样的系统满足线性性和时不变性。

1. LTI 系统的性质

1) 线性性

若 $\mathrm{T}[x_1(t)] = y_1(t)$，$\mathrm{T}[x_2(t)] = y_2(t)$，则

$$\mathrm{T}[k_1 x_1(t) + k_2 x_2(t)] = k_1 \mathrm{T}[x_1(t)] + k_2 \mathrm{T}[x_2(t)] \quad (k_1, k_2 \text{ 为常数}) \tag{19.2}$$

2) 时不变性

若 $\mathrm{T}[x(t)] = y(t)$，则 $\mathrm{T}[x(t - t_0)] = y(t - t_0)$。

3) 微分性和积分性

若 $\mathrm{T}[x(t)] = y(t)$，系统的起始状态为零，则

$$\mathrm{T}\Big[\frac{\mathrm{d}x(t)}{\mathrm{d}t}\Big] = \frac{\mathrm{d}y(t)}{\mathrm{d}t}, \quad \mathrm{T}\Big[\int_{-\infty}^{t} x(\tau) \mathrm{d}\tau\Big] = \int_{-\infty}^{t} y(\tau) \mathrm{d}\tau \tag{19.3}$$

2. 系统的零输入响应和零状态响应

(1) 零输入响应 $y_{zi}(t)$：当输入激励为零，由系统起始状态产生的响应，其形式为齐次解。

(2) 零状态响应 $y_{zs}(t)$：当起始状态为零，由系统输入激励产生的响应，其形式为齐次解加特解。

3. 系统的冲激响应和阶跃响应

(1) 冲激响应 $h(t)$：当起始状态为零，由系统激励 $\delta(t)$ 产生的响应，其形式一般为齐次解。

(2) 阶跃响应 $g(t)$：当起始状态为零，由系统激励 $u(t)$ 产生的响应，其形式一般为齐次解加常数项。

已知 LTI 系统的冲激响应为 $h(t)$，当输入激励为 $x(t)$，则系统的零状态响应 $y_{zs}(t)$ 为

$$y_{zs}(t) = \int_{-\infty}^{\infty} x(\tau)h(t-\tau)\mathrm{d}\tau = x(t) * h(t) \tag{19.4}$$

19.3 实 验 内 容

1. 绘制 LTI 系统的零状态响应波形

已知连续系统的微分方程和输入激励：

(1) $\dfrac{\mathrm{d}^2 y(t)}{\mathrm{d}t^2} + 3\dfrac{\mathrm{d}y(t)}{\mathrm{d}t} + 3y(t) = \dfrac{\mathrm{d}x(t)}{\mathrm{d}t} + 2x(t)$，$x(t) = \mathrm{e}^{-t}\cos 10t \cdot u(t)$；

(2) $\dfrac{\mathrm{d}^3 y(t)}{\mathrm{d}t^3} - 2\dfrac{\mathrm{d}^2 y(t)}{\mathrm{d}t^2} + \dfrac{\mathrm{d}y(t)}{\mathrm{d}t} + 4y(t) = \dfrac{\mathrm{d}^2 x(t)}{\mathrm{d}t^2} - \dfrac{\mathrm{d}x(t)}{\mathrm{d}t} + x(t)$，$x(t) = \mathrm{e}^{-1.5t}\sin 5t \cdot u(t)$。

计算系统的零状态响应，绘制系统的零状态响应和输入信号的时域波形。

以下程序是(1)式中 0～5s 的程序清单，该系统的程序非常简单，波形如图 19.1 所示，是时间 0～5s 的结果。

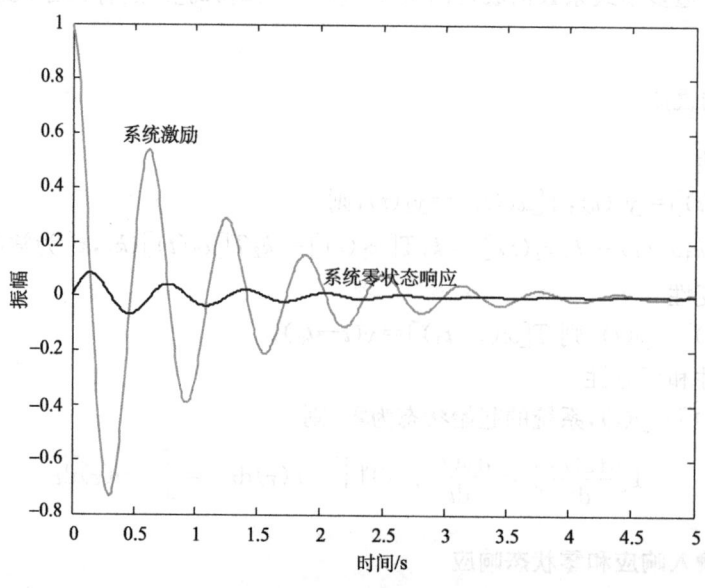

图 19.1 系统的激励和零状态响应波形

```
a=[1 3 3];b=[1 2];
sys=tf(b,a);    %定义系统的系统函数
```

```
t = 0:0.01:5;      % 定义采样间隔和时间范围
f = exp(-t).cos(10*t);lsim(sys,f,t);    % 对系统输出进行仿真
gtext('系统激励');gtext('系统零状态响应');      % 用鼠标添加文本注释
ylabel('振幅');
```

2. 绘制系统的冲激响应和阶跃响应的波形

已知连续系统的微分方程为

(1) $\dfrac{d^2 y(t)}{dt^2} + 2\dfrac{dy(t)}{dt} + 4y(t) = \dfrac{d^2 x(t)}{dt^2} + 3\dfrac{dx(t)}{dt} + 2x(t)$；

(2) $\dfrac{d^3 y(t)}{dt^3} - 2\dfrac{d^2 y(t)}{dt^2} + \dfrac{dy(t)}{dt} + 4y(t) = \dfrac{d^2 x(t)}{dt^2} - \dfrac{dx(t)}{dt} + x(t)$。

计算系统的零状态响应，绘制系统的冲激响应和阶跃响应的时域波形。

该问题的程序也比较简单，(1)式的系统演示程序清单如下，绘制的系统冲激响应和阶跃响应的时域波形如图 19.2 所示。

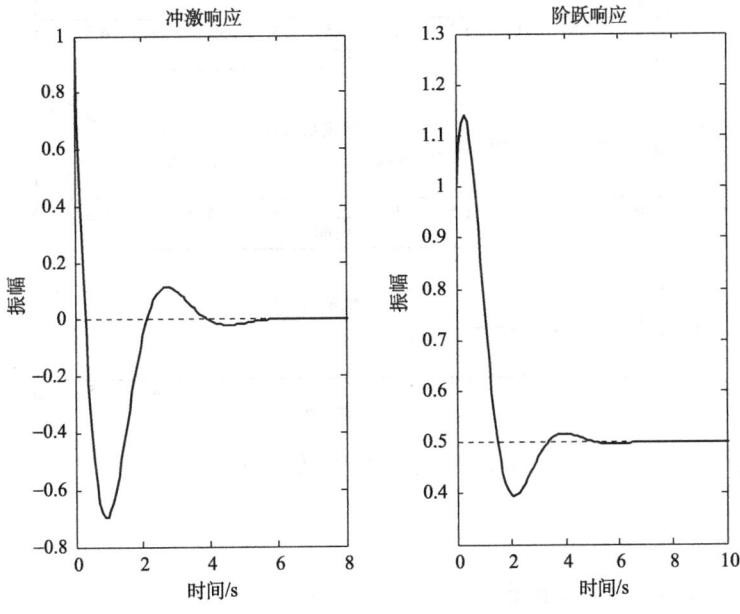

图 19.2 连续系统的冲激响应和阶跃响应

```
% 连续系统冲激响应和阶跃响应波形
a = [1 2 4];b = [1 3 2];
subplot(1,2,1);impulse(b,a,8);      % 调用冲激函数,显示 0~8 秒波形
subplot(1,2,2);step(b,a,10);        % 调用阶跃函数,显示 0~10 秒波形
```

3. 分析线性时不变系统的线性性

已知连续系统的微分方程和输入信号为

(1) $\dfrac{\mathrm{d}^2 y(t)}{\mathrm{d}t^2} - \dfrac{\mathrm{d}y(t)}{\mathrm{d}t} + 2y(t) = 2\dfrac{\mathrm{d}x(t)}{\mathrm{d}t} + x(t), x_1(t) = \cos 6t \cdot u(t), x_2(t) = \mathrm{e}^{-t}\sin 8t \cdot u(t)$,求：当 $x(t) = 2x_1(t) + 3x_2(t)$ 时，$y(t) = ?$

(2) $\dfrac{\mathrm{d}^3 y(t)}{\mathrm{d}t^3} - 3\dfrac{\mathrm{d}y(t)}{\mathrm{d}t} + y(t) = \dfrac{\mathrm{d}^2 x(t)}{\mathrm{d}t^2} + 2\dfrac{\mathrm{d}x(t)}{\mathrm{d}t} + x(t), x_1(t) = \mathrm{e}^{-2t} u(t), x_2(t) = \mathrm{e}^{-t}\cos 5t \cdot u(t)$,求：当 $x(t) = x_1(t) - 2x_2(t)$ 时，$y(t) = ?$

对上述系统,当输入信号为 $x_1(t)$ 时,用 Matlab 程序绘制系统输出信号 $y_1(t)$ 的波形；当输入信号为 $x_2(t)$ 时,绘制系统输出信号 $y_2(t)$ 的波形；当输入信号为 $x(t)$ 时,绘制系统输出信号 $y(t)$ 的波形。

下面是(1)式所示系统的演示程序清单,绘制系统输出信号的 $0\sim 5\mathrm{s}$ 时域波形如图 19.3 所示。从图中可以看出,输出信号 $y(t)$ 与 $y_1(t)$ 和 $y_2(t)$ 之间符合线性关系。

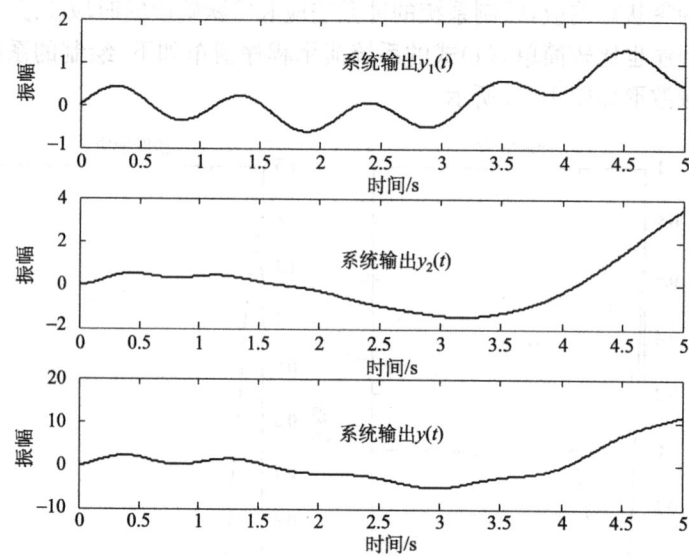

图 19.3 系统的输出信号波形

```
a = [1 -1 2];b = [2 1];
sys = tf(b,a);   % 系统函数
t = 0:0.01:5;x1 = cos(6*t);
x2 = exp(-t).*sin(8*t);
subplot(311);y1 = lsim(sys,x1,t);   % 求 y1(t)
plot(t,y1);gtext('系统输出 y1(t)');
xlabel('时间/s');ylabel('振幅');
subplot(312);y2 = lsim(sys,x2,t);   % 求 y2(t)
plot(t,y2);gtext('系统输出 y2(t)');
xlabel('时间/s');ylabel('振幅');
x = 2*x1 + 3*x2;subplot(313);y = lsim(sys,x,t);   % 求 y(t)
```

```
plot(t,y);gtext('系统输出 y(t)');
xlabel('时间/s');ylabel('振幅');
```

4. 利用卷积积分计算 LTI 系统的零状态响应

已知连续系统的单位冲激响应和输入信号为

(1) $h(t)=e^{-t}[u(t)-u(t-2)]$, $x(t)=e^{-t}\sin2t \cdot u(t)$, 求:$y(t)=?$

(2) $h(t)=t[u(t)-u(t-3)]$, $x(t)=e^{-t}[u(t)-u(t-2)]$, 求:$y(t)=?$

绘制上述系统中 $h(t)$,$x(t)$ 和 $y(t)$ 的时域波形。

用卷积计算连续系统的零状态响应时,Matlab 中没有直接计算连续信号卷积的库函数,实际是将连续信号 $h(t)$,$x(t)$ 以等间隔采样后,求其离散序列的卷积和(有关离散序列及卷积和将在"实验 22 离散时间信号的时域和变换分析"中讲解),我们再利用专用函数 conv 来实现连续信号卷积的计算,系统 2 有关程序清单如下,时域波形如图 19.4 所示。

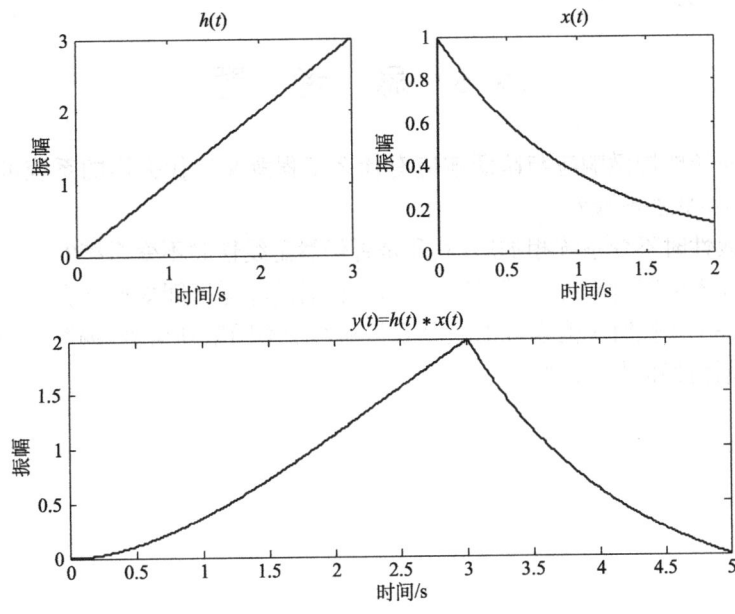

图 19.4 连续信号卷积的时域波形

```
%计算系统零状态响应
k1 = 0:0.01:3;k2 = 0:0.01:2;p = 0.01;%采样时间间隔 p = 0.01
f1 = k1.*[Heaviside(k1) - Heaviside(k1 - 3)];%定义 h(t)信号
f2 = exp(-k2).*[Heaviside(k2) - Heaviside(k2 - 2)];%定义 x(t)信号
f = conv(f1,f2);f = f*p;%计算序列 1 与序列 2 的卷积和
k0 = k1(1) + k2(1);%计算序列 f 非零样值的起点位置
k3 = length(f1) + length(f2) - 2;%计算卷积和 f 的非零样值宽度
```

```
k = k0:p:k0 + k3 * p;subplot(2,2,1);% 确定卷积和 f 的非零样值时间向量
plot(k1,f1);title('h(t)');% 在子图 1 绘制 h(t)时域波形图
xlabel('时间/s');ylabel('振幅');
subplot(2,2,2);plot(k2,f2);% 在子图 2 绘制 x(t)时域波形图
xlabel('时间/s');ylabel('振幅');
title('x(t)');subplot(2,2,3);plot(k,f);% 画卷积 f(t)的时域波形
h = get(gca,'position');h(3) = 2.4 * h(3);
set(gca,'position',h);title('y(t) = h(t) * x(t)');% 第三子图的横坐标范围扩
为原来的 2.4 倍
```

19.4 实验要求

给出实验内容尚未完成部分的 Matlab 程序，程序中所用变量和函数需加适当注释，保存程序运行波形。

19.5 思考题

1) 定义系统的冲激响应与阶跃响应有什么工程意义？什么样的系统可以利用冲激响应求系统的零状态响应？

2) 两个线性时不变系统相加后，其和是否仍然是线性时不变系统？

3) 两个非零区间有限的连续时间信号，卷积后的非零区间如何计算？

4) 设计一个线性时不变系统的微分方程和两个不同激励信号，编写 Matlab 程序，验证系统满足线性性和时不变性。

实验 20　连续时间系统的变换域分析

20.1　实验目的

系统变换域的主要数学工具是系统函数,通过系统函数的零极点分布可以分析出系统的时域、频域和复频域特性。系统函数的极点分布影响其稳定性和响应的形式;系统函数的零极点分布影响系统的频率特性;系统函数不同运算形式可以构成系统的不同结构;利用系统的系统函数,掌握系统的综合性能分析。

20.2　实验原理

1. 系统的系统函数

n 阶线性时不变连续系统的系统函数 $H(s)$,将其表示如下:

$$H(s)=\frac{b_m s^m+b_{m-1}s^{m-1}+\cdots+b_0}{a_n s^n+a_{n-1}s^{n-1}+\cdots+a_0}=\frac{b_m(s-z_1)(s-z_2)\cdots(s-z_m)}{a_n(s-p_1)(s-p_2)\cdots(s-p_n)} \quad (20.1)$$

其中:$z_1,z_2,\cdots,z_m$ 为连续系统的有限零点;$p_1,p_2,\cdots,p_n$ 为有限极点,一般情况下,$n>m$。

2. 系统的零极点分布图

在 s 复平面中,如果系统函数的零点位置用 o 表示,极点位置用×表示,其中存在重零点和重极点的情况时,在该零点或极点附近用括号内数字表示重零点或极点的阶数。这样将系统的有限零极点表示在同一复平面中,所得到的图称为系统的零极点分布图。

3. 系统的零极点分布与时域响应特性

设系统的所有极点都是单重极点,则系统的冲激响应为

$$H(s)=\frac{b_m(s-z_1)(s-z_2)\cdots(s-z_m)}{a_n(s-p_1)(s-p_2)\cdots(s-p_n)}=H_0\frac{\prod_{j=1}^{m}(s-z_j)}{\prod_{i=1}^{n}(s-p_i)} \quad (20.2)$$

$$h(t)=L^{-1}[H(s)]=L^{-1}\left[\sum_{i=1}^{n}\frac{K_i}{s-p_i}\right]=\sum_{i=1}^{n}h_i(t)=\sum_{i=1}^{n}K_i e^{p_i t}u(t) \quad (20.3)$$

根据上述推导可见,如果系统的极点具有负实部,则系统稳定;如果有极点具有正实部,则系统不稳定;如果其他极点都具有负实部,有极点在虚轴上,则系统临界稳定。

4. 系统的零极点分布与频响特性

通过系统的零极点分布可以绘制系统的频响特性，从而可以借此分析系统的滤波器类型，进而知道系统处理信号的方法。

5. 系统函数与系统的模拟

(1) 直接形式：系统函数通常的积分器形式（式中 $m \leqslant n$）为

$$H(s) = \frac{b_m s^{-(n-m)} + b_{m-1} s^{-(n-m+1)} + \cdots + b_1 s^{-(n-1)} + b_0 s^{-n}}{1 + a_{n-1} s^{-1} + \cdots + a_1 s^{-(n-1)} + a_0 s^{-n}} \tag{20.4}$$

(2) 级联形式：也称串联形式。就是将 $H(s)$ 分解为几个简单的转移函数的乘积，即

$$H(s) = A_0 H_1(s) H_2(s) \cdots H_k(s) = A_0 \prod_{i=1}^{k} H_i(s) \tag{20.5}$$

其中：每一子系统 $H_i(s)$ 可用直接形式实现，各子系统可选用一阶函数或二阶函数，分别称为一阶节或二阶节：

$$H_i(s) = \frac{1 + b_{1i} s^{-1}}{1 + a_{1i} s^{-1}} (\text{一阶节}); \quad H_i(s) = \frac{1 + b_{1i} s^{-1} + b_{2i} s^{-2}}{1 + a_{1i} s^{-1} + a_{2i} s^{-2}} (\text{二阶节})$$

(3) 并联形式：是将 $H(s)$ 分解为几个简单转移函数与一常数 C 之和，即

$$H(s) = C + H_1(s) + H_2(s) + \cdots + H_k(s) = C + \sum_{i=1}^{k} H_i(s) \tag{20.6}$$

其中：每一子系统 $H_i(s)$ 也用一阶函数或二阶函数的直接形式实现。

20.3 实验内容

1. 线性时不变连续系统的零极点图

在同一绘图窗口中分别绘制下列连续系统的零极点分布图，并根据系统的零极点图判断系统的稳定性。

(1) $H_1(s) = \dfrac{s}{s+1}$；

(2) $H_2(s) = \dfrac{s+2}{s^2+2s+2}$；

(3) $H_3(s) = \dfrac{s^2+2s+1}{s^3+2s^2-3s+6}$；

(4) $H_4(s) = \dfrac{2s+1}{(2s+1)^3(s^2+4)}$。

下列程序以 $H_2(s)$ 系统函数绘制零极点分布图，程序用两种方法绘制的零极点分布图如图 20.1 所示。由零极点图中的极点分布可知，$H_2(s)$ 系统是稳定系统。

```
%连续系统的零极点图,两种方法绘制零极点图
b=[1 2];a=[1 2 2];zs=roots(b);ps=roots(a);subplot(2,1,1);
```

```
%画零极点,参数 markersize 后数值表示,标记 o,x 在图中的大小
plot(real(zs),imag(zs),'o',real(ps),imag(ps),'x','markersize',12);
title('H2(s)');axis([-3,0,-2,2]);grid on;
legend('零点','极点');    %图中的标注
xlabel('实轴');ylabel('虚轴');
subplot(2,1,2);sys = tf(b,a);pzmap(sys);title('H2(s)');
xlabel('实轴');ylabel('虚轴');
```

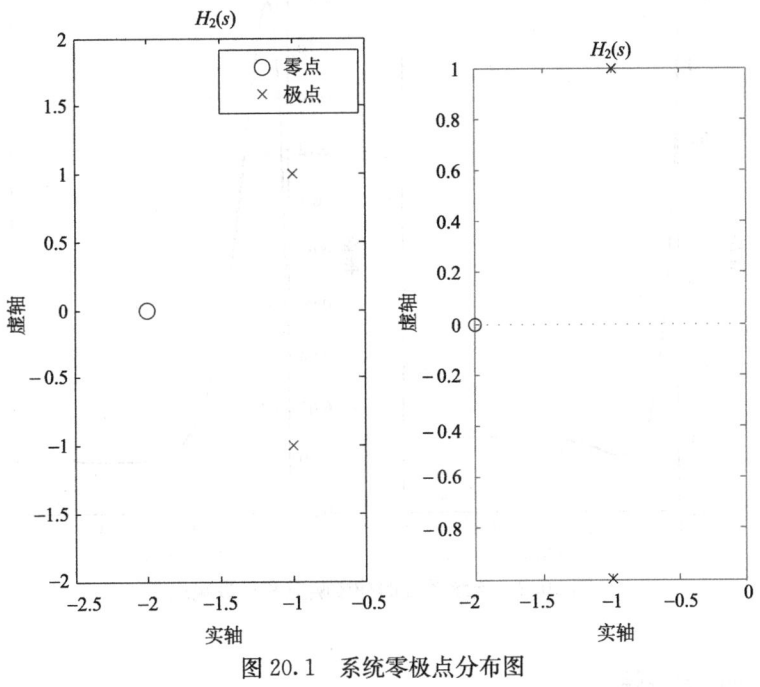

图 20.1 系统零极点分布图

2. 连续系统的时域零状态响应

在同一绘图窗口中分别绘制下列系统函数为 $H(s)=\dfrac{s+1}{s^2+4s+5}$ 的连续系统在不同激励作用下的响应波形:

(1) $x_1(t)=\delta(t)$;
(2) $x_2(t)=u(t)$;
(3) $x_3(t)=\sin(t)$;
(4) $x_4(t)=e^{-t}u(t)$。

下列程序激励为冲激信号和指数信号作用下的系统零状态响应,Matlab 程序绘制的系统响应如图 20.2 所示。

```
%连续系统的冲激响应和指数响应
b = [1 1];a = [1 4 5];sys = tf(b,a);    %系统函数
```

```
t = 0:0.01:5;subplot(1,2,1);y = impulse(sys,t);    % 冲激响应
plot(t,y);title('x1(t)');grid on;
xlabel('时间/s');ylabel('振幅');
subplot(1,2,2);f = exp(-t);y1 = lsim(sys,f,t);    % 零状态响应
plot(t,y1);title('x4(t)');grid on;
xlabel('时间/s');ylabel('振幅');
```

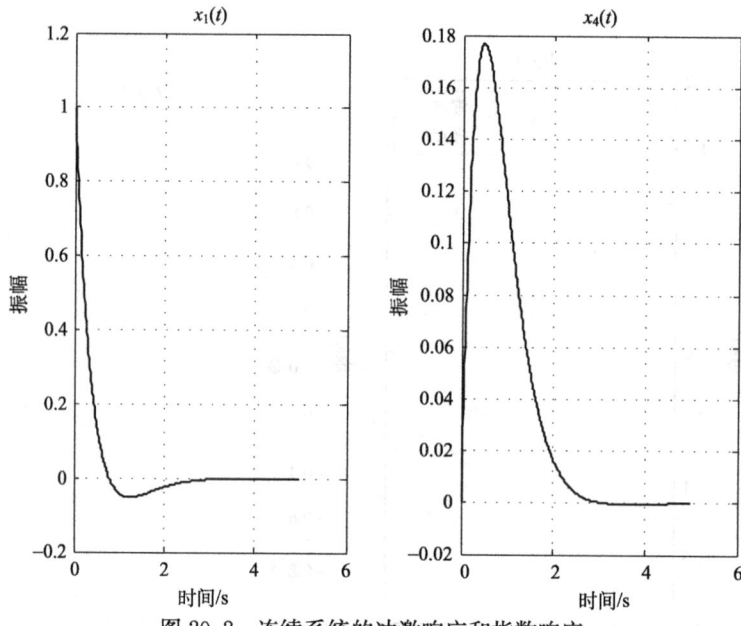

图 20.2 连续系统的冲激响应和指数响应

3. 连续系统的幅频特性

在同一绘图窗口中分别绘制下列不同连续系统的幅频特性曲线,并根据系统的幅频特性判断系统的滤波器类型:

(1) $H_1(s)=\dfrac{s-2}{s+6}$;

(2) $H_2(s)=\dfrac{2s+1}{s^2-4s+8}$;

(3) $H_3(s)=\dfrac{s^2+3s+1}{2s^3-s^2+3s+1}$;

(4) $H_4(s)=\dfrac{3s+1}{(s-1)^2(s^2+9)}$。

上述四个系统分别为一阶、二阶、三阶和四阶系统,下列程序绘制的是一阶和三阶系统的幅频特性,得到的图形如图 20.3 所示。

```
num1 = [1 -2];den1 = [1 6];
```

实验 20 连续时间系统的变换域分析

```
num3 = [1 3 1];den3 = [2 -1 3 1]; w = 0:0.5:30;
[h1,w] = freqs(num1,den1,w);
subplot(1,2,1);plot(w,abs(h1));grid;title('|H1(j\ommiga)|');
xlabel('角频率/rad·s^{-1}');ylabel('幅度');
[h3,w] = freqs(num3,den3,w); subplot(1,2,3);plot(w,abs(h3));
grid;title('|H3(j\ommiga)|');
xlabel('角频率/rad·s^{-1}');ylabel('幅度');
```

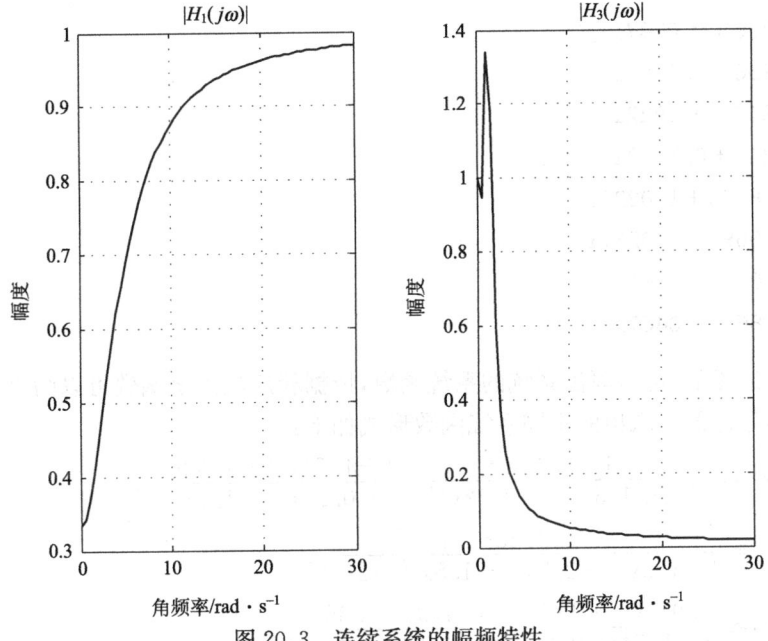

图 20.3　连续系统的幅频特性

观察图 20.3 可以看出，系统 $H_1(s)$ 的幅频特性呈现高通滤波器特性，系统 $H_3(s)$ 的幅频特性呈现带通滤波器特性。

4. 连续系统的系统结构

已知连续系统的系统函数，将其系统函数的有理分式形式变换成满足级联型和并联型的系统函数形式，从而得到系统的级联结构和并联结构。

(1) $H_1(s) = \dfrac{s^3 + 2s^2 + 3s + 1}{2s^4 + 3s^3 + 5s^2 + 3s + 4}$；

(2) $H_2(s) = \dfrac{3s^3 + s^2 + 2s + 4}{s^5 + 2s^4 + 3s^3 + 5s^2 + 4s + 6}$。

下列程序为系统 $H_1(s)$ 计算级联型和并联型的参数，Matlab 程序清单如下：

```
% 系统的级联型参数求取
num = [1,2,3,1];den = [2,3,5,3,4];[sos,g] = tf2sos(num,den);
disp('级联型');disp(sos);disp(g);
```

```
%系统的并联型参数求取
[r1,p1,k1] = residuez(num,den);disp('并联型');disp(r1);disp(p1);disp(k1);
```

执行程序后可以在 Matlab 软件命令窗可以看到相应的结构参数：

级联型

1.0000	0.4302	0	1.0000	1.7372	1.8025
1.0000	1.5698	2.3247	1.0000	-0.2372	1.1096
0.5000					

并联型

0.0256 + 0.0787i

0.0256 - 0.0787i

0.2244 - 0.1922i

0.2244 + 0.1922i

-0.8686 + 1.0237i

-0.8686 - 1.0237i

0.1186 + 1.0467i

0.1186 - 1.0467i

根据上述参数，可以写出系统的系统函数，依据相应的系统函数可以画出系统的结构方框图或信号流图。求出的不同系统函数形式如下：

$$H_{级联}(s) \approx 0.5 \frac{1+0.43s^{-1}}{1+1.57s^{-1}+2.32s^{-2}} \cdot \frac{1+1.74s^{-1}+1.80s^{-2}}{1-0.24s^{-1}-1.11s^{-2}},$$

$$H_{直接}(s) = \frac{s^{-1}+2s^{-2}+3s^{-3}+s^{-4}}{1+1.5s^{-1}+2.5s^{-2}+1.5s^{-3}+2s^{-4}},$$

$$H_{并联}(s) \approx \frac{0.051s-0.117}{s^2+1.74s-0.29} + \frac{0.449s-0.35}{s^2-0.24s-1.09}$$

$$= \frac{0.051s^{-1}-0.117s^{-2}}{1+1.74s^{-1}-0.29s^{-2}} + \frac{0.449s^{-1}-0.35s^{-2}}{1-0.24s^{-1}-1.09s^{-2}}$$

20.4 实验要求

编写上述未完成的各系统 Matlab 程序，程序中所用到的函数需加适当注释，保存程序运行波形。

20.5 思考题

1) 通过连续系统的零极点分布图，总结出系统稳定的规律。
2) 总结系统的零状态响应与系统函数零极点的关系。
3) 如果需要系统的幅频特性呈现带阻滤波器特性，系统函数至少达到多少阶？
4) 各举一个全通系统和最小相位系统的例子，分别绘制其幅频特性和相频特性。

实验 21 傅里叶变换域的应用

21.1 实 验 目 的

傅里叶变换是连续信号和系统频域分析的基础,掌握系统频响特性的绘制,能判断频率选择模拟滤波器类型;熟悉连续信号的采样定理,理解信号采样定理应满足的条件,绘制采样后采样信号的频谱,以及如何从采样后采样信号中恢复原来的连续信号;熟悉连续信号的调制原理,掌握常规调幅应满足的条件,能绘制常规调幅后信号的时域波形和频谱图。

21.2 实 验 原 理

1. 模拟滤波器的类型与设计

理想的频率选择滤波器可分为低通、高通、带通和带阻四个类型。它们的幅频特性如图 21.1 所示(这里我们只画了 $\Omega>0$ 的部分,$\Omega<0$ 的部分对称于纵轴)。

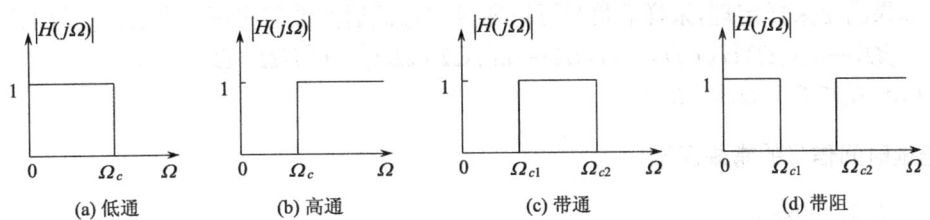

(a) 低通 (b) 高通 (c) 带通 (d) 带阻

图 21.1 理想滤波器的幅频特性

一个物理上可实现的实际滤波器的频响特性只能是理想特性的最佳逼近。一个实际低通滤波器的频响特性如图 21.2 所示。除了和理想滤波器同样地有通带和阻带外,在通带和阻带之间还存在一个过渡带。在通带内,滤波器的频响特性也不完全平直,是近似于理想的幅频特性,它与理想特性的偏差在规定的范围之内;在阻带内,幅频特性也不是零值,而是衰减

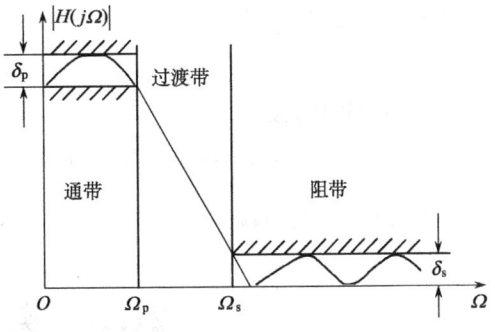

图 21.2 低通滤波器实际特性

至规定的偏差范围内。对于过渡带内的幅度衰减一般不做要求。图 21.2 中字符的意义:δ_p 为通带公差带;Ω_p 为通带边界频率;δ_s 为阻带公差带;Ω_s 为阻带边界频率。

在 Matlab 软件中,用上述四个性能指标就可以设计模拟低通滤波器。模拟低通滤波器 $H(s)$ 设计的关键是要找到一种逼近函数,根据所用的近似逼近函数的不同,就有相应的滤波器名称。常用的逼近函数有巴特沃思滤波器、切比雪夫滤波器Ⅰ型和Ⅱ型以及椭圆滤波器。

2. 连续时间信号的采样和恢复

1) 理想采样

$$x_s(t) = x(t) \cdot p(t), p(t) = \sum_{n=-\infty}^{+\infty} \delta(t - nT_s)$$

其中:$x_s(t)$ 为采样信号,$x(t)$ 为原连续信号;T_s 为冲激信号的周期。

2) 采样定理

设原连续信号 $x(t)$ 为带限信号,其频谱最高频率为 f_m,对 $x(t)$ 进行不失真采样的条件为:采样信号的频率 f_s 应大于或等于 f_m 的两倍,即

$$f_s \geqslant 2f_m \quad \frac{1}{T_s} \geqslant 2f_m$$

理想采样信号的频谱为

$$x_s(j\Omega) = \frac{1}{T_s} \sum_{n=-\infty}^{+\infty} x[j(\Omega - n\Omega_s)], \quad \Omega_s = \frac{2\pi}{T_s}$$

3) 理想采样信号的恢复

如果满足采样定理,采样后信号可以通过理想低通滤波器实现原来连续信号的恢复。

$x(j\Omega) = x_s(j\Omega)H(j\Omega), \quad H(j\Omega) = u[j(\Omega + \Omega_c)] - u[j(\Omega - \Omega_c)],$
$\Omega_m \leqslant \Omega_c \leqslant \Omega_s - \Omega_m, \quad \Omega_m = 2\pi f_m$

3. 连续时间信号的常规调幅

1) 信号的调幅

$$f_c(t) = f(t) \cdot c(t)$$

其中:$c(t)$ 为高频正弦信号,$f(t)$ 为原连续信号,$f_c(t)$ 为调幅信号。

2) 常规调幅的条件

$$c(t) = A + g(t), \quad A \geqslant |g(t)|_{max}$$

3) 常规调幅的频谱

$$c(t) = \cos(\Omega_c t), f_c(t) = [A + g(t)]\cos(\Omega_c t),$$

$$F_c(j\Omega) = \pi A[\delta(\Omega + \Omega_c) + \delta(\Omega - \Omega_c)] + \frac{1}{2}G[j(\Omega + \Omega_c)] + \frac{1}{2}G[j(\Omega - \Omega_c)]$$

21.3 实验内容

1. 模拟低通滤波器设计

设计一个模拟高通滤波器,其性能指标为通带边界频率 $\Omega_p = 3000 \text{rad/s}$,通带最大衰

减 $\delta_p=1dB$,阻带边界频率 $\Omega_s=1500rad/s$,阻带最小衰减 $\delta_s=30dB$。分别用巴特沃思、切比雪夫Ⅰ型、切比雪夫Ⅱ型和椭圆滤波器四种设计方法设计上述滤波器,并绘制各滤波器的幅频特性曲线。

在给定滤波器性能指标的条件下,希望用最小阶次的滤波器来实现。Matlab 信号处理工具箱为用户提供了一组可以直接得到最优滤波器阶数的函数,即 Buttord、Cheb1ord、Cheb2ord 和 Ellipord。通过上述函数可以得到滤波器的最小阶数和截止频率,从而设计出满足要求的滤波器。其程序清单如下,所设计的不同滤波器的幅频特性如图 21.3 所示。

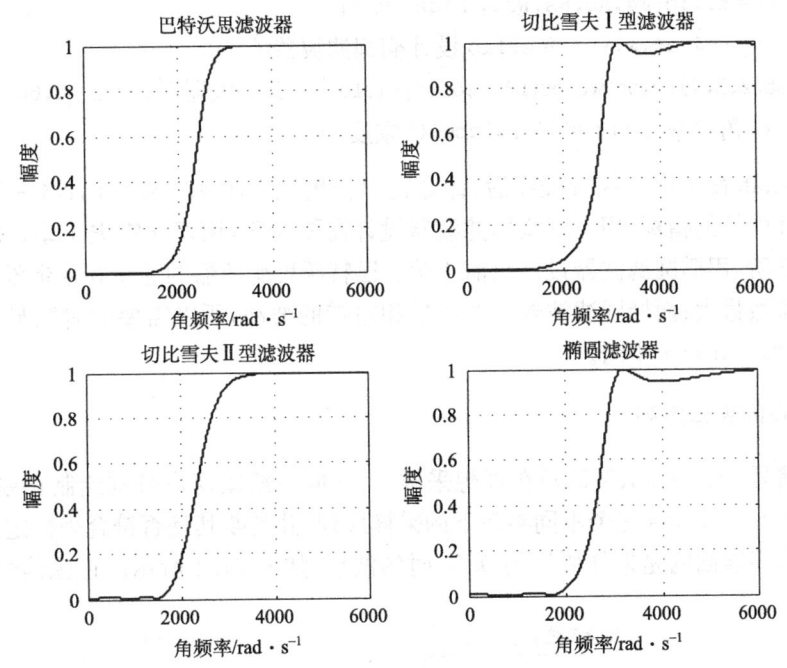

图 21.3 模拟滤波器的幅频特性

```
%模拟低通滤波器设计
Wp = 3000;Ws = 1500;Rp = 0.5;Rs = 40;w = linspace(1,6000,2000);  %在 1~6000
产生 1000 个线性矢量
    [N1,Wn1] = buttord(Wp,Ws,Rp,Rs,'s'); N1;    %巴特沃思滤波器的最小阶数
    [N2,Wn2] = cheb1ord(Wp,Ws,Rp,Rs,'s');N2;    %切比雪夫Ⅰ型滤波器的最小阶数
    [N3,Wn3] = cheb2ord(Wp,Ws,Rp,Rs,'s');N3;    %切比雪夫Ⅱ型滤波器的最小阶数
    [N4,Wn4] = Ellipord(Wp,Ws,Rp,Rs,'s');N4;    %椭圆滤波器的最小阶数
    [b1,a1] = butter(N1,Wn1,'high','s');h1 = freqs(b1,a1,w);   %butter 设计巴特
沃思滤波器
    subplot(2,2,1);plot(w,abs(h1));grid;title('巴特沃思滤波器');
    xlabel('角频率/rad·s⁻¹');ylabel('幅度');
    [b2,a2] = cheby1(N2,Rp,Wn2,'high','s');
```

```
h2 = freqs(b2,a2,w);  %cheby1 设计切比雪夫Ⅰ型滤波器
subplot(2,2,2);plot(w,abs(h2));grid;title('切比雪夫Ⅰ型滤波器');
xlabel('角频率/rad·s⁻¹');ylabel('幅度');
[b3,a3] = cheby2(N3,Rs,Wn3,'high','s');
h3 = freqs(b3,a3,w);    %cheby2 设计切比雪夫Ⅱ型滤波器
subplot(2,2,3);plot(w,abs(h3));grid;title('切比雪夫Ⅱ型滤波器');
xlabel('角频率/rad·s⁻¹');ylabel('幅度');
[b4,a4] = Ellip(N4,Rp,Rs,Wn4,'high','s');
h4 = freqs(b4,a4,w);    %ellip 设计椭圆滤波器
subplot(2,2,4);plot(w,abs(h4));grid;title('椭圆滤波器');axis([0,6000,0,1]);
xlabel('角频率/rad·s⁻¹');ylabel('幅度');
```

在 Matlab 命令窗口执行程序后,命令窗口会出现"N1=9,N2=5,N3=5,N4=4",这说明同样的性能指标,用巴特沃思滤波器设计需要 9 阶,用切比雪夫Ⅰ型、Ⅱ型滤波器设计需要 5 阶,用椭圆滤波器设计只需 4 阶。巴特沃思滤波器的通带和阻带没有波动,所以需要的阶数最大;而椭圆滤波器存在通带和阻带的波动,所以需要的阶数最小;切比雪夫Ⅰ型、Ⅱ型正好介于中间。

2. 连续信号的采样序列

正弦信号 $x(t)=\sin(0.5\pi t)$ 在理想采样下,在同一绘图窗口分别绘制正弦信号和采样周期 $T=0.5s,1s,4s$ 三个不同参数下的采样序列,并判断其是否符合采样定理。

以下程序绘制的是采样周期为 0.5s 时的波形,如图 21.4 所示。正弦信号采样的频

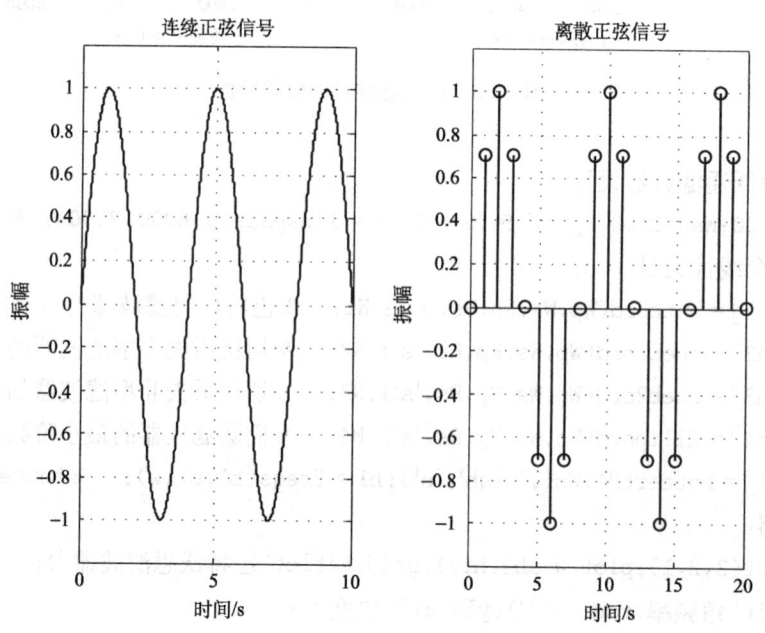

图 21.4 正弦信号及其采样序列

率为 2Hz,正弦信号 $\sin(0.5\pi t)$ 的最高频率为 0.25Hz,根据采样定理可知,其满足采样定理。

```
% 连续正弦信号的采样序列
clf;t = 0:0.01:10;xa = sin(0.5 * pi * t);
subplot(1,2,1);plot(t,xa);grid;
title('连续正弦信号');xlabel('时间/s');ylabel('振幅');
axis([0 10 -1.2 1.2]);subplot(1,2,2);
T = 0.5;n = 0:T:10;xs = sin(0.5 * pi * n);k = 0:length(n) - 1;stem(k,xs);grid;
title('离散正弦信号');axis([0 (length(n) - 1) -1.2 1.2]);
xlabel('时间/s');ylabel('振幅');
```

3. 采样信号的频谱混叠现象

对信号 $x(t)=\mathrm{Sa}(0.4\pi t)\cdot[u(t+5)-u(t-5)]$ 进行理想采样,在同一绘图窗口分别绘制采样周期为 $T=0.5\mathrm{s},1\mathrm{s},4\mathrm{s}$ 三个不同参数下,理想采样后的离散序列和该离散序列幅度频谱图。

下面程序绘制的是采样周期为 0.5s 时的采样序列及其离散幅度谱,由程序绘制的波形如图 21.5 所示。

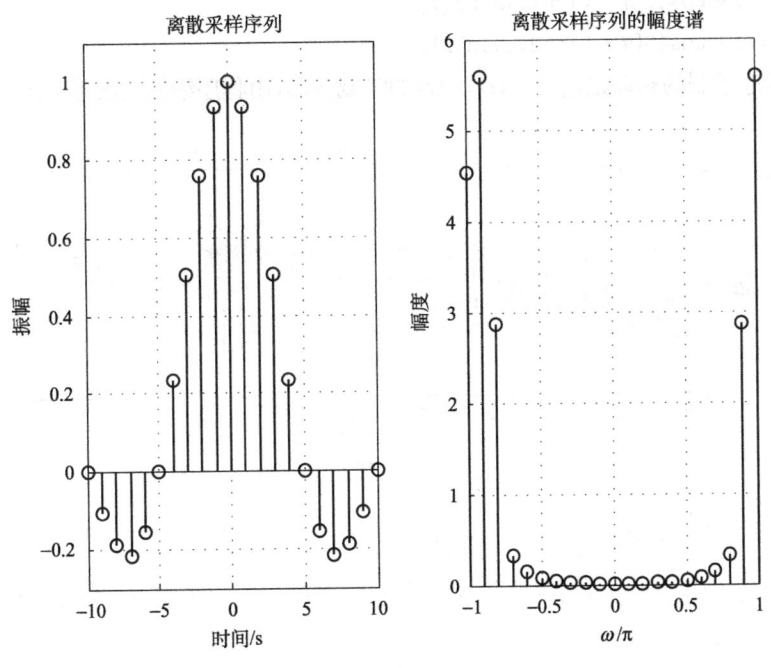

图 21.5 采样序列及其离散幅度谱

```
% 连续信号的离散采样序列及幅度谱
clf;T = 0.5;n1 = -5:T: -0.5;n2 = 0.5:T:5; % 分两段,因为分母不能为零
```

```
n = -5:T:5;Tt1 = 0.4*pi*n1;Tt2 = 0.4*pi*n2;
xd1 = sin(Tt1)./Tt1;xd2 = sin(Tt2)./Tt2;
subplot(1,2,1);xd = [xd1,1,xd2];k = 0:length(n)-1;
stem(k,xd);grid;title('离散采样序列');
xlabel('时间/s');ylabel('振幅');
XF = fft(xd);        %调用FFT函数
subplot(1,2,2);stem(k,abs(XF));    %幅度谱
grid;title('离散采样序列的幅度谱');
xlabel('\ommiga/pi');ylabel('幅度');
```

从图21.5可见,信号 $x(t)$ 在 $-5 \sim 5s$ 非零,因为采样周期为0.5s,故采样后采样序列共有21个序列,序号从 -10 到10,绘制采样序列的离散幅度谱时,横坐标从 -1 到1,表示实际角频率从 $-\pi$ 到 π。

4. 调幅信号的时域波形

在同一绘图窗口中,分别绘制下列调制信号和调幅信号的时域波形:

(1) $s_1(t) = \cos 400t \cdot (1+0.4\sin 2t)$;

(2) $s_2(t) = \cos 400t \cdot (1+\sin 2t)$;

(3) $s_3(t) = \cos 400t \cdot (1+0.8\sin 2t)$;

(4) $s_4(t) = \cos 400t \cdot (1+1.2\sin 2t)$。

下面程序绘制的是调幅信号 $s_1(t)$,$s_3(t)$ 的时域波形,由程序绘制的波形如图21.6所示。

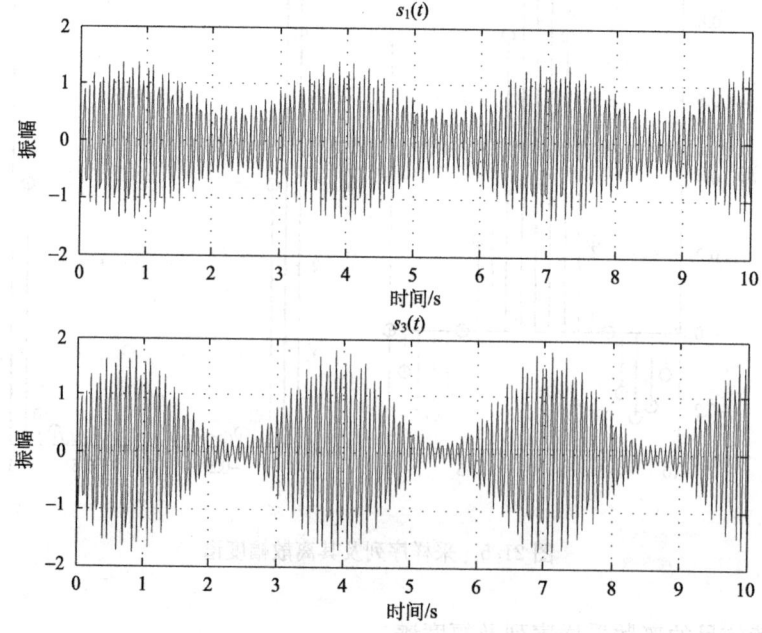

图21.6 调幅信号的时域波形

```
% 调幅信号时域波形
clf;t = 0:0.02:10;
xs1 = cos(400 * t). * (1 + 0.4 * sin(2 * t));
subplot(2,1,1);plot(t,xs1);grid;title('s1(t)');
xlabel('时间/s');ylabel('振幅');
xs3 = cos(400 * t). * (1 + 0.8 * sin(2 * t));
subplot(2,1,2);plot(t,xs3);grid;title('s3(t)');
xlabel('时间/s');ylabel('振幅');
```

从图 21.6 可见,图中分别绘制了调幅信号 $s_1(t)$,$s_3(t)$的时域波形,时域波形从 0s 绘制到 10s,图上方的波形是 $s_1(t)$,下方的波形是 $s_3(t)$。

5. 调幅信号的频域频谱

在同一绘图窗口中,分别绘制下列调制信号和调幅信号的时域波形和调幅信号的幅度频谱图:

(1) $g_1(t)=\text{Sa}(4t)$, $s_1(t)=\cos(200t)[1+0.6\text{Sa}(4t)]$;

(2) $g_2(t)=\sin(2t)$, $s_2(t)=\cos(200t)[1+0.8\sin(2t)]$。

图 21.7 绘制的是调制信号 $g_1(t)$ 和调幅信号 $s_1(t)$ 的时域波形以及 $s_1(t)$ 的幅度频谱图。

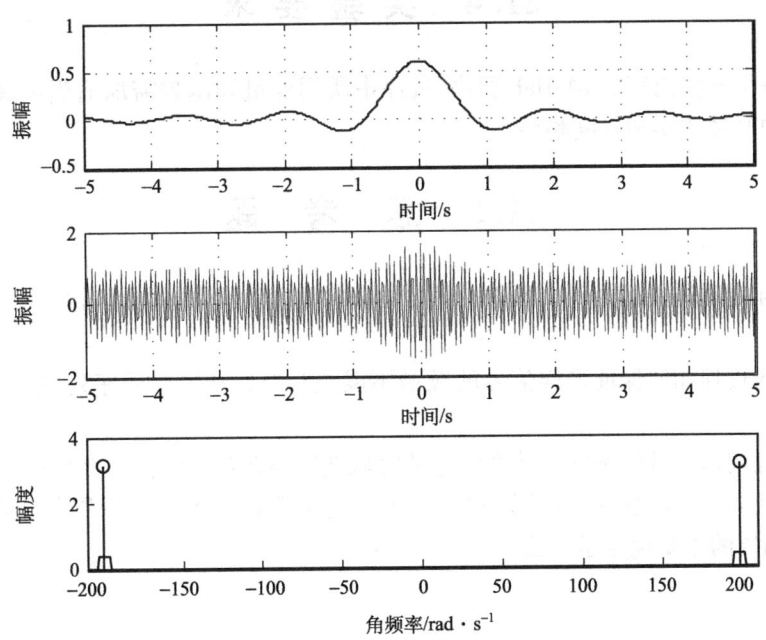

图 21.7 调幅信号的时域波形和频谱

```
% 调幅信号时域波形和已调幅信号频谱
clf;T = 0.02;t = -5:T:5;
```

```
% Sa(4t)在 t = 0 时不能计算除法,故分两段
t1 = -5:T:-T;t2 = T:T:5;Sa1 = sin(4*t1)./(4*t1);
Sa2 = sin(4*t2)./(4*t2);g1 = [Sa1 1 Sa2];    % 组合成完整的 Sa(4t)
s1 = cos(100*t).*(1 + 0.6*g1);subplot(3,1,1);
plot(t,0.6*g1);grid;    % 调制信号波形
xlabel('时间/s');ylabel('振幅');
subplot(3,1,2);plot(t,s1);grid;    % 已调制信号波形
xlabel('时间/s');ylabel('振幅');
subplot(3,1,3); hold on; syms k;    % 调幅信号频谱的符号表达式
f1 = 1.2/pi*sym('Heaviside(k + 204) - Heaviside(k + 196) + Heaviside(k - 196) - Heaviside(k - 204)');
stem(-200,pi); stem(200,pi);    % 绘制载波频谱分量
ezplot(f1,[-210,210]);hold off;
xlabel('角频率/rad·s^{-1}');ylabel('幅度');
```

从图 21.7 可见,图中分别绘制了信号 $g_1(t)$,$s_1(t)$ 的时域波形,时域波形从 -5s 绘制到 5s,最下方的图形是调幅信号的幅度频谱图。

21.4 实 验 要 求

给出每个实验内容的 Matlab 程序,程序中所用变量和函数需加适当注释;复制程序运行得到的时域波形和幅度频谱。

21.5 思 考 题

1) 采样定理需要满足什么条件?信号的频带宽度为无限时,如何进行采样以实现离散化?

2) 采样过程如何保证采样信号的频谱不混叠?怎么从采样后序列恢复原来的连续信号?

3) 常规调幅信号的条件是什么?它的时域波形与非常规调幅的有什么区别?

4) 常规调幅、双边带抑制调幅和单边带抑制调幅这三种线性调制频谱的区别是什么?常规调幅的主要优点是什么?

实验 22 离散时间信号的时域和变换域分析

22.1 实验目的

熟悉常用的离散时间信号,掌握离散时间信号的变换域(z域)表示、z变换的性质和特点;通过分析离散时间信号的傅里叶变换,掌握离散时间信号的频谱绘制。

22.2 实验原理

1. 典型序列

(1) 单位样值序列:$\delta[n]$;

(2) 单位阶跃序列:$u[n]$;

(3) 矩形序列:$u[n]-u[n-N]$;

(4) 单边实指数序列:$a^n u[n]$;

(5) 单边正弦序列:$\sin\omega_0 n \cdot u[n]$;

(6) 复实指数序列:$e^{j\omega_0 n}$。

2. 序列的运算

设离散序列分别为 $x_1[n], x_2[n]$,则

(1) 序列加减:$x_1[n] \pm x_2[n]$;

(2) 序列相乘:$x_1[n] \cdot x_2[n]$;

(3) 序列数乘:$\alpha x_1[n]$;

(4) 序列移位:$x_1[n-m]$;

(5) 后向差分:$x[n]-x[n-1]$;

(6) 序列移位:$\sum_{m=-\infty}^{n} x[m]$;

(7) 序列卷积和:$x_1[n] * x_2[n] = \sum_{m=-\infty}^{\infty} x_1[m] x_2[n-m]$。

3. 典型序列的 z 变换和收敛域

设离散序列为 $x[n]$,其双边 z 变换为 $X(z) = Z(x[n]) = \sum_{n=-\infty}^{\infty} x[n] z^{-n}$,则

(1) $Z(\delta[n]) = 1$, $|z| \geqslant 0$;

(2) $Z(u[n]) = \dfrac{z}{z-1}$, $|z| > 1$;

(3) $Z(\alpha^n u[n]) = \dfrac{z}{z-\alpha}$, $|z| > |\alpha|$;

(4) $Z(nu[n]) = \dfrac{z}{(z-1)^2}$, $|z| > 1$。

4. 序列的 z 逆变换

序列 $x[n]$ 的 z 变换为 $X(z) = Z(x[n])$, $X(z)$ 的逆变换记为 $x[n] = Z^{-1}[X(z)]$, 并可由下式的围线积分给出:

$$x[n] = Z^{-1}[X(z)] = \frac{1}{2\pi j}\oint_c X(z) z^{n-1} dz$$

其中: C 是包围 $X(z)z^{n-1}$ 所有极点的逆时针闭合积分路线,通常选择 z 平面收敛域内以原点为中心的圆。

5. 序列的傅里叶变换

序列 $x[n]$ 的傅里叶变换为 $X(e^{j\omega}) = F(x[n])$,其定义为 $X(e^{j\omega}) = \sum\limits_{n=-\infty}^{\infty} x[n] e^{-j\omega n}$。从式中看出,序列 $x[n]$ 的傅里叶变换 $X(e^{j\omega})$ 是 ω 的连续的周期函数,周期为 2π。傅里叶变换定义是无穷级数求和,其收敛的充分条件是 $x[n]$ 绝对可和。

根据傅里叶级数公式,可推出序列的傅里叶逆变换,即

$$x[n] = \frac{1}{2\pi}\int_{-\pi}^{\pi} X(e^{j\omega}) e^{j\omega n} d\omega$$

其中: $X(e^{j\omega})$ 一般是复函数,可以写成极坐标的形式为

$$X(e^{j\omega}) = |X(e^{j\omega})| e^{j\varphi(\omega)}$$

其中: $|X(e^{j\omega})|$ 称为幅度谱, $\varphi(\omega)$ 称为相位谱。

22.3 实 验 内 容

1. 不同参数指数离散序列的比较

已知离散序列如下:

(1) $x_1[n] = 2^n u[n]$;

(2) $x_2[n] = 2^{-n} u[n]$;

(3) $x_3[n] = 3 \cdot 2^n u[n+1]$;

(4) $x_4[n] = 3 \cdot 2^{-n} u[n-1]$。

下面是绘制指数序列 $x_1[n]$, $x_3[n]$ 波形的程序,其他两个信号的波形绘制程序类似。Matlab 绘制的指数序列的波形如图 22.1 所示。

```
% 在(-2,5)区间指数序列
k = -2:-1;kk = 0:5;n = length(k);    % 取向量 k 的维数
```

```
u = zeros(1,n);        %小于0取0
uu1 = 2.^kk;subplot(1,2,1);stem(kk,uu1);
hold on;stem(k,u);hold off;title('x1[n]');
axis([-2,5,-0.2,35]);      %坐标轴范围
xlabel('时间/s');ylabel('振幅');
%在(-3,5)区间指数序列
k2 = -3:-2;kk2 = -1:5;
n2 = length(k2);       %取向量k的维数
u2 = zeros(1,n2);      %小于0取0
uu2 = 3*2.^kk2;subplot(1,2,2);stem(kk2,uu2);hold on;
stem(k2,u2);hold off;title('x3[n]');
axis([-3,5,-0.2,100]);     %坐标轴范围
xlabel('时间/s');ylabel('振幅');
```

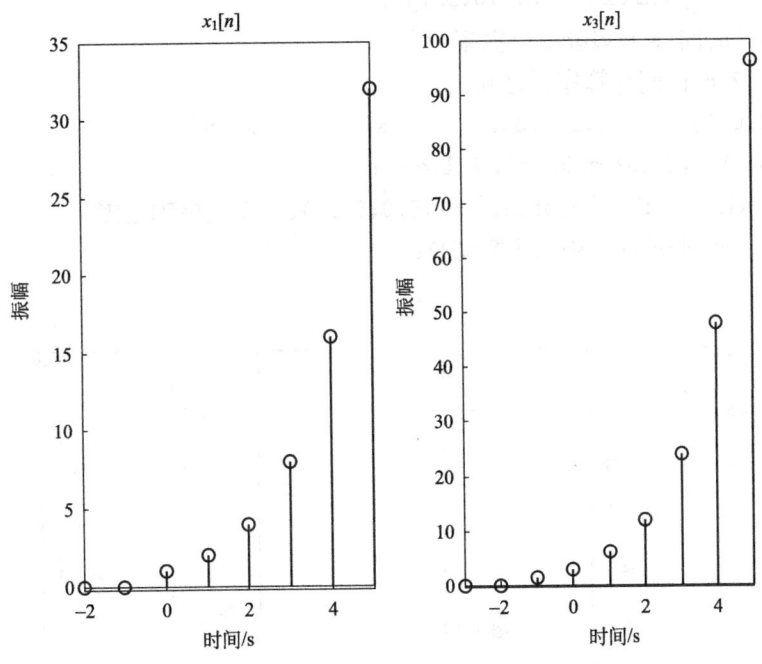

图 22.1 指数序列的时域波形

2. 两个离散序列的运算

在同一绘图窗口中,绘制两个离散序列的运算后的波形图,将其不同运算序列与原序列波形进行比较,加深对这些运算方法的理解。

设 $x_1[n]=n[u[n]-u[n-6]]+\delta[n]$,$x_2[n]=u[n]-u[n-5]$,绘制下列不同运算后的时域波形:

(1) $x_1[n]+x_2[n]$；
(2) $x_1[n]-x_2[n]$；
(3) $x_1[n] \cdot x_2[n]$。

下面是绘制原序列 $x_1[n],x_2[n]$ 与其和的时域波形程序，其序列差和积的波形绘制程序类似。Matlab 绘制时域波形如图 22.2 所示。

```
%在(-2,7)绘制 x1[n],x2[n]与序列之和
k1 = -2:7;u1 = [0,0,1,1,2,3,4,5,0,0];    % 取 x1[n]
subplot(1,3,1);stem(k1,u1,'filled');    % 绘制离散序列
title('x1[n]');axis([-2,8,0,5.1]);    % 坐标轴范围
xlabel('时间/s');ylabel('振幅');
%在(-2,8)绘制序列 x1[n]
u1 = [0,0,1,1,1,1,1,0,0,0];    % 取 x2[n]
subplot(1,3,2);stem(k1,u1,'filled');
title('x2[n]');axis([-2,8,0,5.1]);
xlabel('时间/s');ylabel('振幅');
%在(-2,8)区间计算序列之和
u1 = [0,0,2,2,3,4,5,5,0,0];    % x1[n] + x2[n]
subplot(1,3,3);stem(k1,u1,'filled');
title('x1[n]+x2[n]');axis([-2,8,0,5.1]);    % 坐标轴范围
xlabel('时间/s');ylabel('振幅');
```

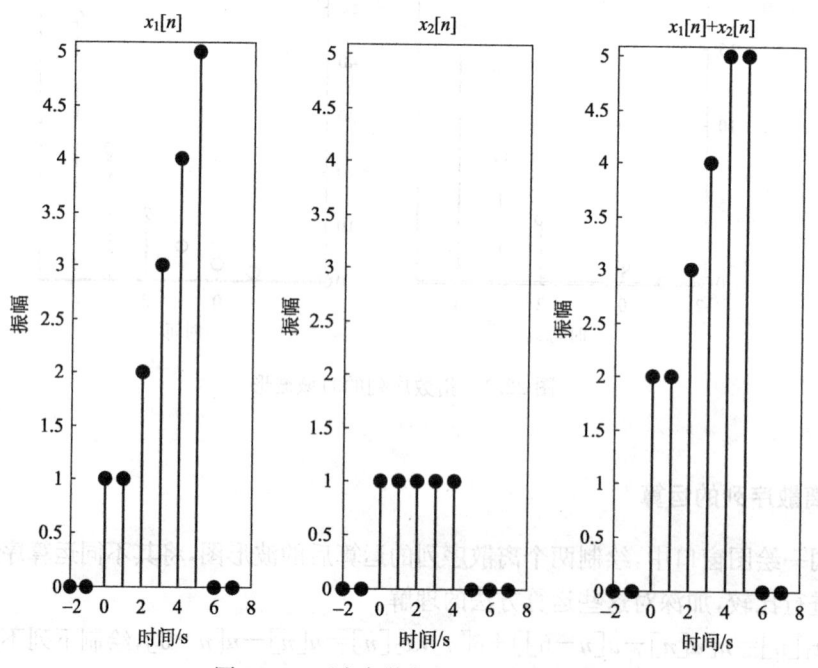

图 22.2　两个离散序列和的时域波形

3. 两个离散序列的卷积和

在同一绘图窗口中,分别绘制两组离散序列及其卷积和波形,将不同情况的卷积结果相互比较,可以总结出一定的卷积规律。

设 $f_1[n]=2(u[n]-u[n-3])$, $f_2[n]=n(u[n]-u[n-5])$,用 Matlab 软件绘制 $f_1[n]$、$f_2[n]$ 和 $f_1[n]*f_2[n]$ 的时域波形。

下面是绘制原序列 $f_1[n]$、$f_2[n]$ 与其卷积和的时域波形程序,Matlab 软件绘制时域波形如图 22.3 所示。

```
%计算离散序列的卷积和 f1[n]*f2[n]
function [f,k] = dconv(f1,f2,k1,k2)
f1 = [2,2,2];f2 = [0:4];k1 = [0 1 2];k2 = 0:4;f = conv(f1,f2);   %计算 f1 与 f2
的卷积和 f
k0 = k1(1) + k2(1);   %计算 f 非零值的起点
k3 = length(f1) + length(f2) - 2;   %计算 f 的非零值宽度
k = k0:k0 + k3;   %确定 f 非零值得序号向量
subplot(2,2,1);stem(k1,f1);   %在子图 1 绘制序列 f1(n)波形图
xlabel('时间/s');ylabel('振幅');
title('f1(n)');subplot(2,2,2);stem(k2,f2);%在子图 1 绘制 f2(n)波形
xlabel('时间/s');ylabel('振幅');
title('f2(n)');subplot(2,2,3);stem(k,f);   %在子图 2 绘制 f(n)波形
```

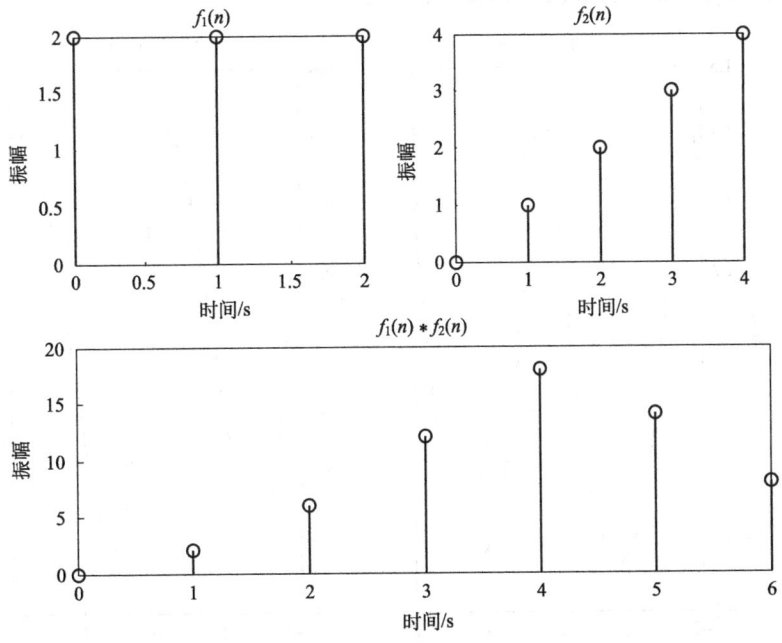

图 22.3 两个离散序列的卷积和时域波形

```
title('f1(n) * f2(n)');h = get(gca,'position');h(3) = 2.4 * h(3);
set(gca,'position',h)   % 将第三个子图的横坐标范围扩为原来的2.4倍
xlabel('时间/s');ylabel('振幅');
```

若 $f_2[n]$ 改为 $f_2[n]=n(u[n]-u[n-3])$,修改上述程序并观察卷积后的结果,会有什么结论?

4. 有限长序列的频谱图

绘制离散信号的离散时间傅里叶变换(DTFT)的幅度谱和相位谱。
(1) $x_1[n]=(0.3e^{j\pi/5})^n, 0\leqslant n \leqslant 10$;
(2) $x_2[n]=2^n(u[n]-u[n-5])$。

下面是绘制序列 $x_1[n]$ 的幅度谱和相位谱程序,序列 $x_2[n]$ 的频谱绘制程序类似,Matlab 软件绘制频谱如图 22.4 所示,其中,横坐标区间为 $(-2\pi,2\pi)$。

```
% 绘制 x1[n]的离散时间傅里叶变换的幅度谱和相位谱。
clf;n = 0:10;x = (0.3 * exp(j * pi/5)).^n;  % 向量维数 x 为 11×1
w = -2 * pi:0.01:2 * pi;
A = exp(-j * n' * w);    % 向量维数 A 为 11×629,629 = 2×pi/0.01+1
X = x * A;subplot(1,2,1);plot(w/pi,abs(X));grid;   % x1[n]的幅度谱
xlabel('时间/s');ylabel('幅度');
title('x1[n]的幅度谱');subplot(1,2,2);
plot(w/pi,angle(X));grid;title('x1[n]的相位谱');   % x1[n]的相位谱
xlabel('时间/s');ylabel('相位'/rad);
```

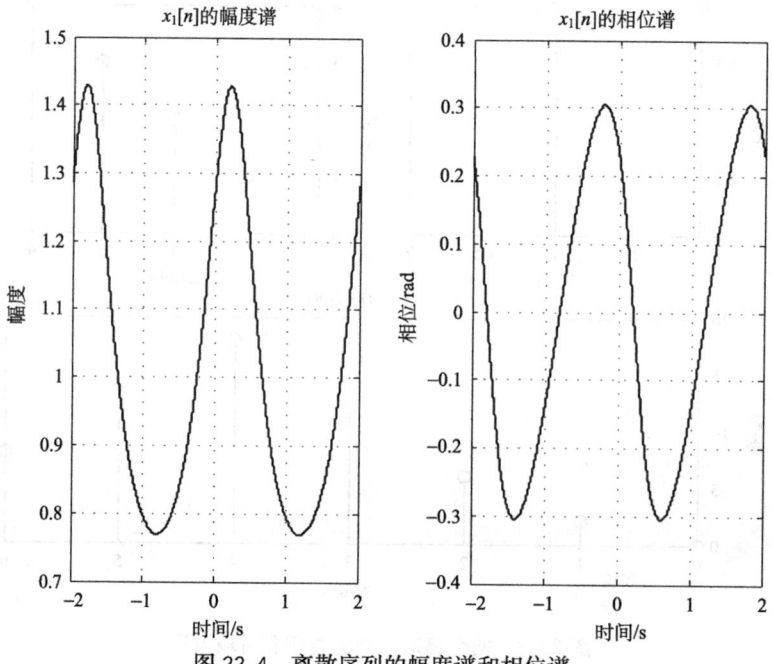

图 22.4 离散序列的幅度谱和相位谱

5. 序列的 z 变换或 z 逆变换

用 Matlab 软件求下列序列的 z 变换或 z 逆变换：

(1) $x_1[n]=(1/4)^n u[n]$；

(2) $x_2[n]=\sin\dfrac{n\pi}{3}$；

(3) $X_3(z)=\dfrac{z}{(z-0.5)(z-0.2)}$；

(4) $X_4(z)=\dfrac{z^2}{(z+0.3)(z-0.9)}$。

下列程序用符号表达式，并通过调用 ztrans 和 iztrans 函数来计算上述结果，其程序清单如下，可以在 Matlab 命令窗口看到计算结果。

```
syms n z;x1 = (1/4).^n;z1 = ztrans(x1)
z3 = z/((z - 0.5) * (z - 0.2));x3 = iztrans(z3)
```

通过考察 Matlab 命令窗口，可以求得：

$$X_1(z)=\dfrac{4z}{4z-1},\ x_3[n]=\dfrac{10}{3}\left[\left(\dfrac{1}{2}\right)^n-\left(\dfrac{1}{5}\right)^n\right]u[n]$$

22.4 实 验 要 求

给出每个实验内容没有完成部分的 Matlab 程序，程序中所用变量和函数需加适当注释，并保存程序运行波形。

22.5 思 考 题

1) 离散时间信号和数字信号之间的联系和区别是什么？

2) 连续正弦信号是周期的，那么采样后变成离散信号是否仍然是周期的？如果是，需要满足什么条件？

3) 序列的 z 变换与其傅里叶变换有什么关系？

4) 序列与其 z 变换是否一一对应？当已知什么条件时，z 变换能与其序列对应？

实验 23　离散时间系统的时域与变换域分析

23.1　实 验 目 的

掌握线性时不变离散系统的数学模型——线性常系数差分方程的求解；掌握离散系统的单位样值响应的求解，并应用单位样值响应与系统激励信号的卷积和计算系统的零状态响应；掌握离散系统的系统函数与系统的零极点分布图的关系；掌握离散系统的频响特征与连续系统频响特征的差异。通过 Matlab 软件能绘制系统的零极点分布图、系统响应的时域波形和系统的频响特性。

23.2　实 验 原 理

1. 线性常系数差分方程的经典求解

N 阶常系数线性差分方程的一般形式可表示为

$$\sum_{k=0}^{N} a_k y[n-k] = \sum_{r=0}^{M} b_r x[n-r] \tag{23.1}$$

其中：系数 $a_k(k=0,1,\cdots,N)$ 和 $b_r(r=0,1,\cdots,M)$ 均为常数。一般地，常系数线性差分方程的解由齐次解和特解组成。齐次解为：$y_h[n]=C_1\alpha_1^n+C_2\alpha_2^n+\cdots+C_N\alpha_N^n$，式中的系数 $C_1,C_2,\cdots,C_N$ 由边界条件决定；$\alpha_1,\alpha_2,\cdots,\alpha_N$ 为齐次方程 $a_0\alpha^N+a_1\alpha^{N-1}+\cdots+a_{N-1}\alpha+a_N=0$ 的特征根。在特征方程有重根的情况下，假定 α_1 是特征方程式的 K 重根，那么在齐次解中，相应于 α_1 的部分将有 K 项，即

$$C_1 n^{K-1} \alpha_1^n + C_2 n^{K-2} \alpha_1^n + \cdots + C_{K-1} n \alpha_1^n + C_K \alpha_1^n$$

特解的求解方法是：首先将激励序列 $x[n]$ 代入方程式右端（称为自由项），通过观察自由项的形式来选择含有待定系数的特解形式；将此特解代入原非齐次差分方程后，通过与方程右端的自由项比较，求得特解中的待定系数。

2. 线性常系数差分方程的零输入响应与零状态响应求解

系统的响应可分解为零输入响应分量和零状态响应分量。若系统的激励序列 $x[n]=0$，则仅由系统的起始状态 $y[-1],y[-2],\cdots,y[-N]$ 引起的响应称为零输入响应，常用 $y_{zi}[n]$ 表示。若激励序列 $x[n]$ 在 $n=0$ 时接入系统，并且 $y[-1]=y[-2]=\cdots=y[-N]=0$，则仅由激励序列 $x[n]$ 所引起的响应称为离散系统的零状态响应，常用 $y_{zs}[n]$ 表示。系统的响应为

$$y[n] = y_{zi}[n] + y_{zs}[n] \tag{23.2}$$

其中:零输入响应为 $y_{zi}[n] = \sum_{k=1}^{N} C_{zik} \alpha_k^n$,$C_{zik}$ 为待定系数,由起始状态 $y[-1], y[-2], \cdots,$ $y[-N]$ 来确定。零状态响应为 $y_{zs}[n] = \sum_{k=1}^{N} C_{zsk} \alpha_k^n + y_p[n]$,$C_{zsk}$ 为待定系数,它们可以由起始状态为零来确定,$y_p[n]$ 为系统特解。

3. 单位样值响应和系统函数

离散时间系统受单位样值信号 $\delta[n]$ 激励而产生的零状态响应,称为单位样值响应,一般以 $h[n]$ 表示。对任意信号 $x[n]$,利用线性时不变系统的时不变特性、叠加性和均匀性,可以得到系统的零状态响应为

$$y_{zs}[n] = \sum_{m=-\infty}^{\infty} x[m] h[n-m] = x[n] * h[n] \tag{23.3}$$

即系统在任意激励信号下的零状态响应是激励信号和其单位样值响应的卷积和。

假设激励 $x[n]$ 是因果信号,且系统处于零状态,这样对式(23.3)取单边 z 变换可得:

$$H(z) = \frac{Y(z)}{X(z)} = \frac{\sum_{r=0}^{M} b_r z^{-r}}{\sum_{m=0}^{N} a_m z^{-m}} = H_0 \frac{\prod_{r=1}^{M}(z - z_r)}{\prod_{m=1}^{N}(z - p_m)} \tag{23.4}$$

其中:$H(z)$ 被称为离散系统的系统函数。离散系统的系统函数 $H(z)$ 和其单位样值响应 $h[n]$ 正好是一对 z 变换与反变换的关系,其中:z_r 是 $H(z)$ 的零点,p_m 是 $H(z)$ 的极点,它们的位置确定了离散系统的时域特性和频域特性。

4. 零极点分布与时域响应、频域特性的关系

$$h[n] = L[H(z)] = L\left[\sum_{m=0}^{N} \frac{A_m z}{z - p_m}\right] = A_0 \delta[n] + \sum_{m=1}^{N} A_m (p_m)^n u[n] \tag{23.5}$$

其中:p_m 可能是实数,也可能是成对出现的共轭复数。单位样值响应 $h[n]$ 的特性取决于 $H(z)$ 的极点,而其幅度值由系数 A_m 决定,但 A_m 与 $H(z)$ 的零点分布有关。

$$H(e^{j\omega}) = H_0 \frac{\prod_{r=1}^{M}(e^{j\omega} - z_r)}{\prod_{m=1}^{N}(e^{j\omega} - p_m)} = |H(e^{j\omega})| e^{j\varphi(\omega)} \tag{23.6}$$

其中:$|H(e^{j\omega})|$ 为系统的幅频特性;$\varphi(\omega)$ 为系统的相频特性。

由式(23.6)可见,频响特性的形状取决于 $H(z)$ 的零极点分布。不难看出,位于 $z=0$ 处的零点或极点对幅频特性不产生作用,但会影响相频特性。此外,当 $e^{j\omega}$ 旋转到某个极点 p_m 附近时,频率响应在该点可能出现峰值。若极点 p_m 越靠近单位圆,则频率响应在峰值附近越尖锐。如果极点 p_m 落在单位圆上,则频率响应的峰值趋于无穷大。对于零点来说,其作用与极点正好相反。

23.3 实验内容

1. 线性时不变离散系统的零极点图

在同一绘图窗口中分别绘制下列离散系统的零极点分布图,并据此判断系统的稳定性:

(1) $H_1(z)=\dfrac{2z+1}{3z+1}$;

(2) $H_2(z)=\dfrac{3z+2}{2z^2+2z+1}$;

(3) $H_3(z)=\dfrac{z^2+2z+1}{z^4+z^3-2z+6}$;

(4) $H_4(z)=\dfrac{z^2+1}{(z+2)^3(z^2+4)}$。

以下程序是绘制系统 $H_2(z)$ 零极点分布图,绘制另外三个系统零极点分布图的程序类似。绘制的零极点分布如图 23.1 所示,图中用两种方式绘制了系统的零极点分布图。

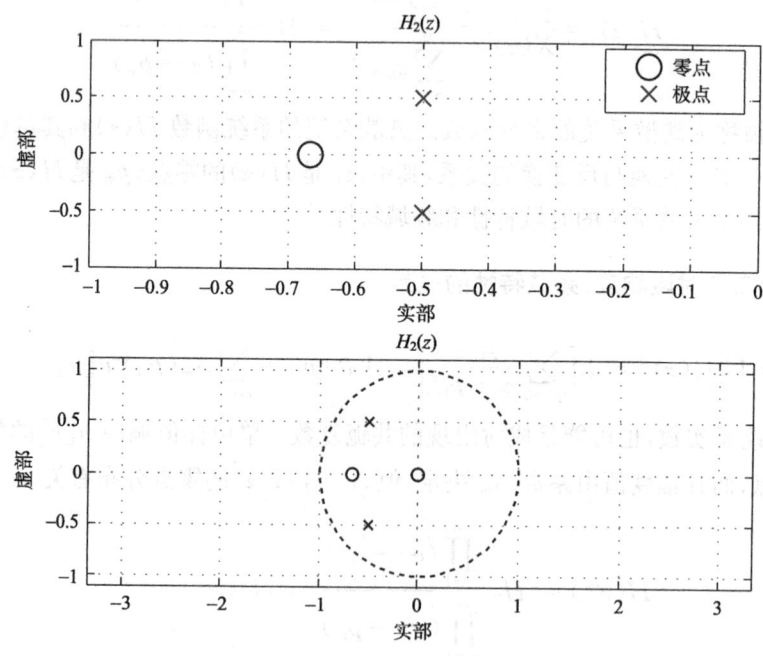

图 23.1 离散系统零极点分布图

```
% 两种方法绘制离散系统的零极点分布图
b=[3 2];a=[2 2 1];zs=roots(b);     % 计算零点
ps=roots(a);subplot(2,1,1);        % 计算极点
% 画零极点,参数 markersize 后数值表示,标记 o,x 在图中的大小
```

```
plot(real(zs),imag(zs),'o',real(ps),imag(ps),'x','markersize',12);
title('H2(z)');axis([-1,0,-1,1]);grid on;
xlabel('实部');ylabel('虚部');
legend('零点','极点');
subplot(2,1,2);zplane(b,a);title('H2(z)');
xlabel('实部');ylabel('虚部');
```

2. 离散系统的单位样值响应

已知离散系统的系统函数,绘制系统的单位样值响应,并根据系统的单位样值响应判断系统的稳定性:

(1) $H_1(z) = \dfrac{z+1}{z-0.5}$;

(2) $H_2(z) = \dfrac{3z+1}{z^2-0.8z+0.7}$;

(3) $H_3(z) = \dfrac{z^2-2}{z^3+0.2z^2-0.6z+0.5}$;

(4) $H_4(z) = \dfrac{z+2}{(z+0.3)^2(z^2+0.04)}$。

以下程序是绘制离散系统 $H_1(z)$,$H_3(z)$ 的单位样值响应波形,绘制另外两个系统单位样值响应的程序类似。绘制的时域波形如图 23.2 所示,由图中波形可以看出:系统 $H_1(z)$ 的单位样值响应波形是收敛的,所以系统稳定;系统 $H_3(z)$ 的单位样值响应波形是发散的,所以系统不稳定。

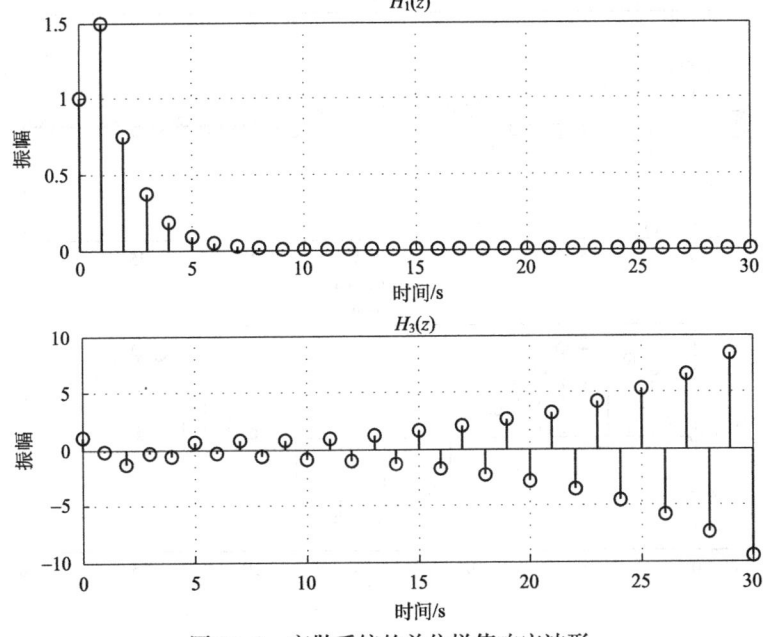

图 23.2 离散系统的单位样值响应波形

```
% 离散系统的单位样值响应
b1 = [1 1];a1 = [1 - 0.5];n = 0:30;
subplot(2,1,1);y = impz(b1,a1,n);    % 冲激响应
stem(n,y);title('H1(z)');grid on;
xlabel('时间/s');ylabel('振幅');
b3 = [1 0 - 2];a3 = [1 0.2 - 0.6 0.5];
subplot(2,1,2);y = impz(b3,a3,n);
stem(n,y);title('H3(z)');
xlabel('时间/s');ylabel('振幅');
```

3. 离散系统的零状态响应

已知离散系统的系统函数为 $H(z)=\dfrac{2z+5}{z^2+0.6s+0.72}$，绘制系统在不同激励信号作用下的零状态响应的时域波形：

(1) $x_1[n]=\delta[n]$；

(2) $x_2[n]=u[n]$；

(3) $x_3[n]=\sin(n\pi/10)$；

(4) $x_4[n]=2^{-n}u[n]$。

以下程序是绘制离散系统在激励为 $x_1[n],x_3[n]$ 作用下的零状态响应，绘制另外两个激励作用下的零状态响应的程序类似。绘制的时域波形如图 23.3 所示，由于激励 $x_1[n]$ 就是单位样值序列，所以其零状态响应就是系统的单位样值响应。

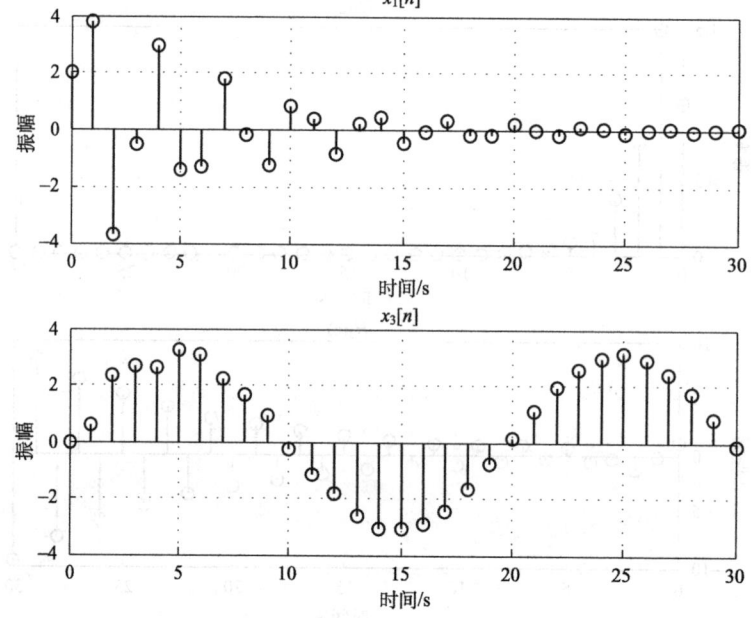

图 23.3 离散系统的零状态响应波形

% 离散系统的单位样值响应和零状态响应
b=[2 5];a=[1 0.6 0.72];
n=0:30;subplot(2,1,1);y=impz(b,a,n);   % 冲激响应
xlabel('时间/s');ylabel('振幅');
stem(n,y);title('x1[n]');grid on;subplot(2,1,2);
f=sin(n*pi/10);y1=filter(b,a,f);   % 零状态响应
stem(n,y1);title('x3[n]');grid on;
xlabel('时间/s');ylabel('振幅');

4. 离散系统的频率特性

已知离散系统的系统函数,绘制离散系统的幅频特性和相频特性:

(1) $H_1(z)=\dfrac{2}{z+0.8}$;

(2) $H_2(z)=\dfrac{0.5z}{z+0.8}$;

(3) $H_3(z)=\dfrac{z+2}{z^2+0.4z+0.8}$;

(4) $H_4(s)=\dfrac{z^3+2}{z^4+0.3z^3+0.5z^2+0.1z+0.8}$。

以下程序是绘制离散系统 $H_3(z)$ 的幅频特性和相频特性,绘制另外三个系统的程序类似。绘制系统的频响特性如图 23.4 所示,图中幅频特性和相频特性的横坐标范围从

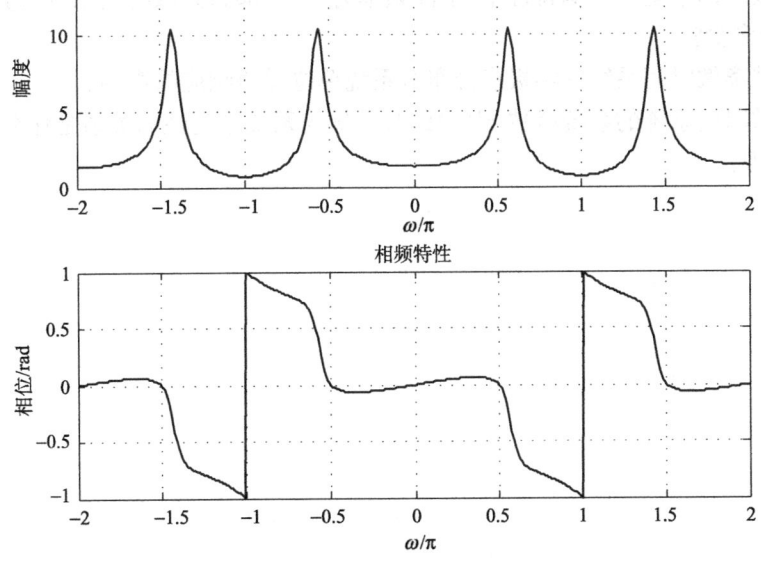

图 23.4 离散系统的频响特性

—2π到2π,相频特性的纵坐标单位也为 rad。由图中波形可以看出:离散系统频响特性也是周期性连续函数,并且周期为2π。

```
%用 freqz 函数绘出给定系统的频率响应
b=[1 2];a=[1 0.4 0.8];w=-2*pi:0.1*pi:2*pi;
[h]=freqz(b,a,w);    %求系统响应函数
subplot(2,1,1);h1=abs(h);   %求幅频响应
h2=angle(h);    %求相频响应
stem(w/pi,h1);grid;title('幅频特性');
xlabel('\ommiga/pi');ylabel('幅度');
subplot(2,1,2);stem(w/pi,h2/pi);
grid;title('相频特性');
xlabel('\ommiga/pi');ylabel('相位/rad');
```

23.4 实验要求

给出实验内容尚未完成部分的 Matlab 程序,程序中所用变量和函数需加适当注释,保存程序运行时域波形和幅度频谱。

23.5 思考题

1) 离散系统的频响特性 $H(e^{j\omega})$ 是 ω 的连续的周期函数,造成 $H(e^{j\omega})$ 周期性的原因是什么?其周期是多少?

2) 连续时间系统的频响特性中,最高频率为 $+\infty$,那么离散时间系统的频响特性中,最高频率为多少?

3) 总结离散时间系统的零极点分布对系统单位样值响应的影响。

4) 离散时间系统的系统函数 $H(z)$ 的收敛域与系统稳定性的关系是什么?与系统因果性的关系呢?

实验 24 系统的状态变量分析法

24.1 实验目的

状态变量分析法是分析多输入多输出系统的有效方法,不仅可以分析系统内部特性,也可以分析系统的外部特性;不仅可以分析连续系统,也可以分析离散系统。状态变量分析法主要用状态方程和输出方程研究系统的特性,正适合 Matlab 软件的矩阵分析工具。通过 Matlab 软件可以将系统函数转换成状态方程,可以将状态方程转换成系统函数,可以求连续系统和离散系统的零输入响应和零状态响应。

24.2 实验原理

1. 线性时不变连续时间系统状态方程和输出方程

系统状态方程为

$$\dot{\boldsymbol{\lambda}}(t)_{k\times 1} = \boldsymbol{A}_{k\times k}\boldsymbol{\lambda}(t)_{k\times 1} + \boldsymbol{B}_{k\times m}\boldsymbol{x}(t)_{m\times 1} \tag{24.1}$$

系统输出方程为

$$\boldsymbol{y}(t)_{r\times 1} = \boldsymbol{C}_{r\times k}\boldsymbol{\lambda}(t)_{k\times 1} + \boldsymbol{D}_{r\times m}\boldsymbol{x}(t)_{m\times 1} \tag{24.2}$$

其中:$\dot{\boldsymbol{\lambda}}(t) = [\dot{\lambda}_1(t), \dot{\lambda}_2(t), \cdots, \dot{\lambda}_k(t)]^T$,$\boldsymbol{\lambda}(t) = [\lambda_1(t), \lambda_2(t), \cdots, \lambda_k(t)]^T$,
$\boldsymbol{x}(t) = [x_1(t), x_2(t), \cdots, x_m(t)]^T$,$\boldsymbol{y}(t) = [y_1(t), y_2(t), \cdots, y_r(t)]^T$,

$$\boldsymbol{A} = \begin{bmatrix} a_{11} & a_{12} & \cdots & a_{1k} \\ a_{21} & a_{22} & \cdots & a_{2k} \\ \vdots & \vdots & & \vdots \\ a_{k1} & a_{k2} & \cdots & a_{kk} \end{bmatrix}, \quad \boldsymbol{B} = \begin{bmatrix} b_{11} & b_{12} & \cdots & b_{1m} \\ b_{21} & b_{22} & \cdots & b_{2m} \\ \vdots & \vdots & & \vdots \\ b_{k1} & b_{k2} & \cdots & b_{km} \end{bmatrix},$$

$$\boldsymbol{C} = \begin{bmatrix} c_{11} & c_{12} & \cdots & c_{1k} \\ c_{21} & c_{22} & \cdots & c_{2k} \\ \vdots & \vdots & & \vdots \\ c_{r1} & c_{r2} & \cdots & c_{rk} \end{bmatrix}, \quad \boldsymbol{D} = \begin{bmatrix} d_{11} & d_{12} & \cdots & d_{1m} \\ d_{21} & d_{22} & \cdots & d_{2m} \\ \vdots & \vdots & & \vdots \\ d_{r1} & d_{r2} & \cdots & d_{rm} \end{bmatrix},$$

系数矩阵 $\boldsymbol{A}$、$\boldsymbol{B}$、$\boldsymbol{C}$、$\boldsymbol{D}$ 表示系统的结构参数。对于线性时不变系统,它们都是常数矩阵。

2. 线性时不变离散时间系统状态方程和输出方程

系统状态方程为

$$\boldsymbol{\lambda}[n+1]_{k\times 1} = \boldsymbol{A}_{k\times k}\boldsymbol{\lambda}[n]_{k\times 1} + \boldsymbol{B}_{k\times m}\boldsymbol{x}[n]_{m\times 1} \tag{24.3}$$

系统输出方程为

$$y[n]_{r\times 1} = C_{r\times k}\lambda[n]_{k\times 1} + D_{r\times m}x[n]_{m\times 1} \qquad (24.4)$$

其中：$\lambda[n]=[\lambda_1[n],\lambda_2[n],\cdots,\lambda_k[n]]^T$，$x[n]=[x_1[n],x_2[n],\cdots,x_m[n]]^T$，$y[n]=[y_1[n],y_2[n],\cdots,y_r[n]]^T$，系数矩阵 A、B、C、D 的形式与连续系统的形式相同。

3. 连续时间系统状态方程的求解

一般可以利用时域解法或变换域解法求解状态方程，其中时域解法往往需要借助计算机求解，变换域解法则较为简便。变换域求解方法为应用拉普拉斯变换求解状态方程和输出方程。

对式(24.1)和式(24.2)两边进行拉普拉斯变换，得到：

$$s\Lambda(s) - \lambda(0^-) = A\Lambda(s) + BX(s) \qquad (24.5)$$

$$Y(s) = C\Lambda(s) + DX(s) \qquad (24.6)$$

其中：$\Lambda(s)=L[\lambda(t)]$ 为状态矢量的拉普拉斯变换，$X(s)=L[x(t)]$ 为输入矢量的拉普拉斯变换，$Y(s)=L[y(t)]$ 为输出矢量的拉普拉斯变换，$\lambda(0^-)=[\lambda_1(0^-),\lambda_2(0^-),\cdots,\lambda_k(0^-)]^T$ 为系统的初始状态。

对式(24.5)和式(24.6)整理，求得：

$$\lambda(t) = L^{-1}[\Lambda(s)] = L^{-1}[(sI-A)^{-1}\lambda(0^-)] + L^{-1}[(sI-A)^{-1}B] * L^{-1}[X(s)] \qquad (24.7)$$

$$y(t) = L^{-1}[Y(s)] = L^{-1}[C(sI-A)^{-1}\lambda(0^-)] + L^{-1}[C(sI-A)^{-1}B+D] * L^{-1}[X(s)] \qquad (24.8)$$

令

$$H(s) = C(sI-A)^{-1}B + D = \begin{bmatrix} H_{11}(s) & H_{12}(s) & \cdots & H_{1m}(s) \\ H_{21}(s) & H_{22}(s) & \cdots & H_{2m}(s) \\ \vdots & \vdots & & \vdots \\ H_{r1}(s) & H_{r2}(s) & \cdots & H_{rm}(s) \end{bmatrix} \qquad (24.9)$$

将 $H(s)$ 称为系统函数矩阵，它是一个 $r\times m$ 阶矩阵，其中第 i 行第 j 列的元素 $H_{ij}(s)$ 表示第 i 个输出分量对于第 j 个输入(其他输入均为零)分量的系统函数。

4. 离散时间系统状态方程的求解

离散时间系统状态方程的求解和连续时间系统的求解方法类似，也有时域和变换域两种解法。同样，变换域解法较为简单。对式(24.3)和式(24.4)两边进行 z 变换，得到：

$$z\Lambda(z) - z\lambda[0] = A\Lambda(z) + BX(z) \qquad (24.10)$$

$$Y(z) = C\Lambda(z) + DX(z) \qquad (24.11)$$

其中：$\Lambda(z)=Z[\lambda[n]]$ 为状态矢量的 z 变换，$X(z)=Z[x[n]]$ 为输入矢量的 z 变换，$Y(z)=Z[y[n]]$ 为输出矢量的 z 变换，$\lambda[0]=[\lambda_1[0],\lambda_2[0],\cdots,\lambda_k[0]]^T$ 为系统的初始状态。

对式(24.10)和式(24.11)整理，求得：

$$\lambda[n] = Z^{-1}[\Lambda(z)] = Z^{-1}[(zI-A)^{-1}z\lambda[0]] + Z^{-1}[(zI-A)^{-1}B] * Z^{-1}[X(z)] \tag{24.12}$$

$$y[n] = Z^{-1}[Y(z)] = Z^{-1}[C(zI-A)^{-1}z\lambda[0]]$$
$$+ Z^{-1}[C(zI-A)^{-1}B] + D] * Z^{-1}[X(z)] \tag{24.13}$$

令

$$H(z) = C(zI-A)^{-1}B + D = \begin{bmatrix} H_{11}(z) & H_{12}(z) & \cdots & H_{1m}(z) \\ H_{21}(z) & H_{22}(z) & \cdots & H_{2m}(z) \\ \vdots & \vdots & & \vdots \\ H_{r1}(z) & H_{r2}(z) & \cdots & H_{rm}(z) \end{bmatrix} \tag{24.14}$$

将 $H(z)$ 称为系统函数矩阵，它是一个 $r \times m$ 阶矩阵，其中第 i 行第 j 列的元素 $H_{ij}(s)$ 表示第 i 个输出分量对于第 j 个输入（其他输入均为零）分量的系统函数。

24.3 实验内容

1. 系统经典数学模型到状态方程的转换

已知系统的不同数学模型如下，通过 Matlab 软件将其转换为状态方程：

(1) $\dfrac{d^2 y(t)}{dt^2} + 5\dfrac{dy(t)}{dt} + 6y(t) = 2\dfrac{dx(t)}{dt} + x(t)$；

(2) $H(z) = \dfrac{z^2 + 2z - 1}{z^3 + 0.4z^2 + 1.2z + 0.6}$；

(3) $y[n] + 0.3y[n-1] - 0.52y[n-2] = x[n] + x[n-1]$；

(4) $H(s) = \dfrac{s+1}{s^2 + 2s + 6}$。

通过调用函数 tf2ss，可以求出状态方程中系数矩阵 A, B, C 和 D 的值，下列程序用于求取(1)和(2)两个系统的状态方程。

```
a1 = [2 1];b1 = [1 5 6];[A1,B1,C1,D1] = tf2ss(a1,b1)
a2 = [1 2 -1];b2 = [1 0.4 1.2 0.6];[A2,B2,C2,D2] = tf2ss(a2,b2)
```

运行上述程序，在命令窗口，可以得到状态方程的系数矩阵。

系统(1)状态方程和输出方程为

$$\begin{bmatrix} \dot{\lambda}_1(t) \\ \dot{\lambda}_2(t) \end{bmatrix} = \begin{bmatrix} -5 & -6 \\ 1 & 0 \end{bmatrix} \begin{bmatrix} \lambda_1(t) \\ \lambda_2(t) \end{bmatrix} + \begin{bmatrix} 1 \\ 0 \end{bmatrix} x(t)$$

$$y(t) = \begin{bmatrix} 2 & 1 \end{bmatrix} \begin{bmatrix} \lambda_1(t) \\ \lambda_2(t) \end{bmatrix}$$

系统(2)状态方程和输出方程为

$$\begin{bmatrix} \lambda_1[n+1] \\ \lambda_2[n+1] \\ \lambda_3[n+1] \end{bmatrix} = \begin{bmatrix} -0.4 & -1.2 & -0.6 \\ 1 & 0 & 0 \\ 0 & 1 & 0 \end{bmatrix} \begin{bmatrix} \lambda_1[n] \\ \lambda_2[n] \\ \lambda_3[n] \end{bmatrix} + \begin{bmatrix} 1 \\ 0 \\ 0 \end{bmatrix} x[n]$$

$$y[n] = \begin{bmatrix} 1 & 2 & -1 \end{bmatrix} \begin{bmatrix} \lambda_1[n] \\ \lambda_2[n] \\ \lambda_3[n] \end{bmatrix}$$

2. 系统状态方程到经典数学模型的转换

已知系统的状态方程和输出方程如下,通过 Matlab 软件将其转换为系统函数:

(1) $\begin{bmatrix} \dot{\lambda}_1(t) \\ \dot{\lambda}_2(t) \end{bmatrix} = \begin{bmatrix} 0 & 1 \\ -6 & 5 \end{bmatrix} \begin{bmatrix} \lambda_1(t) \\ \lambda_2(t) \end{bmatrix} + \begin{bmatrix} 0 & 2 \\ 1 & 1 \end{bmatrix} \begin{bmatrix} x_1(t) \\ x_2(t) \end{bmatrix}$,

$\begin{bmatrix} y_1(t) \\ y_2(t) \end{bmatrix} = \begin{bmatrix} 2 & 0 \\ 1 & 1 \end{bmatrix} \begin{bmatrix} \lambda_1(t) \\ \lambda_2(t) \end{bmatrix} + \begin{bmatrix} 1 & -1 \\ 0 & 1 \end{bmatrix} \begin{bmatrix} x_1(t) \\ x_2(t) \end{bmatrix}$;

(2) $\begin{bmatrix} \lambda_1[n+1] \\ \lambda_2[n+1] \end{bmatrix} = \begin{bmatrix} -5 & -1 \\ 3 & -1 \end{bmatrix} \begin{bmatrix} \lambda_1[n] \\ \lambda_2[n] \end{bmatrix} + \begin{bmatrix} -1 \\ 2 \end{bmatrix} x[n]$,

$\begin{bmatrix} y_1[n] \\ y_2[n] \end{bmatrix} = \begin{bmatrix} 2 & 1 \\ -1 & -3 \end{bmatrix} \begin{bmatrix} \lambda_1[n] \\ \lambda_2[n] \end{bmatrix} + \begin{bmatrix} 0.5 \\ 2.2 \end{bmatrix} x[n]$。

通过调用函数 ss2tf,可以通过状态方程中系数矩阵 **A**、**B**、**C** 和 **D** 求出系统函数,下列程序用于求系统(1)的系统函数。求系统(2)的系统函数的程序类似。

```
A=[0 1;-6 5];B=[0 2;1 1];C=[2 0;1 1];D=[1 -1;0 1];
[a1,b1]=ss2tf(A,B,C,D,1)        %求与输入 x1(t)有关的系统函数
[a2,b2]=ss2tf(A,B,C,D,2)        %求与输入 x2(t)有关的系统函数
```

运行上述程序,在命令窗口,得到运行结果为

a1 = 1.0000   -5.0000   8.0000   a2 = -1.0000   9.0000   -24.0000
        0   -1.0000   1.0000   1.0000   -4.0000   9.0000
b1 = 1.0000   -5.0000   6.0000   b2 = 1.0000   -5.0000   6.0000

所以系统函数矩阵为

$$H(s) = \frac{1}{s^2 - 5s + 6} \begin{bmatrix} s^2 - 5s + 8 & -s^2 + 9s - 24 \\ -s + 1 & s^2 - 4s + 9 \end{bmatrix}$$

3. 连续系统状态方程的求解

已知连续系统的状态方程和输出方程为

$\begin{bmatrix} \dot{\lambda}_1(t) \\ \dot{\lambda}_2(t) \end{bmatrix} = \begin{bmatrix} 0.3 & 3 \\ 1.6 & -1.2 \end{bmatrix} \begin{bmatrix} \lambda_1(t) \\ \lambda_2(t) \end{bmatrix} + \begin{bmatrix} 0.8 & -1 \\ 2 & 0.8 \end{bmatrix} \begin{bmatrix} x_1(t) \\ x_2(t) \end{bmatrix}$

$\begin{bmatrix} y_1(t) \\ y_2(t) \end{bmatrix} = \begin{bmatrix} 0.8 & -2 \\ 3 & 0 \end{bmatrix} \begin{bmatrix} \lambda_1(t) \\ \lambda_2(t) \end{bmatrix} + \begin{bmatrix} 1.8 & 0.5 \\ 0.2 & -1 \end{bmatrix} \begin{bmatrix} x_1(t) \\ x_2(t) \end{bmatrix}$

其初始状态和输入分别为 $\begin{bmatrix} x_1(t) \\ x_2(t) \end{bmatrix} = \begin{bmatrix} \cos\pi t \cdot u(t) \\ e^{-2t} \cdot u(t) \end{bmatrix}$, $\begin{bmatrix} \lambda_1(0^-) \\ \lambda_2(0^-) \end{bmatrix} = \begin{bmatrix} -3.2 \\ 2.1 \end{bmatrix}$,并绘制输出的

时域波形。

绘制输出的时域波形程序清单如下,输出结果的波形如图 24.1 所示。

```
A = [0.3 3;1.6 -1.2];B = [0.8 -1;2 0.8];C = [0.8 -2;3 0];
D = [1.8 0.5;0.2 -1];r0 = [3.2 2.1];t = 0:0.01:2;
x(:,1) = cos(pi * t)';x(:,2) = exp(-2 * t)';  % 系统的激励信号
sys = ss(A,B,C,D);y = lsim(sys,x,t,r0);hold on;
plot(t,y(:,1),'r');text(1,16,'y1(t)');
plot(t,y(:,2));text(1.5,180,'y2(t)');hold off;
xlabel('时间/s');ylabel('振幅');
```

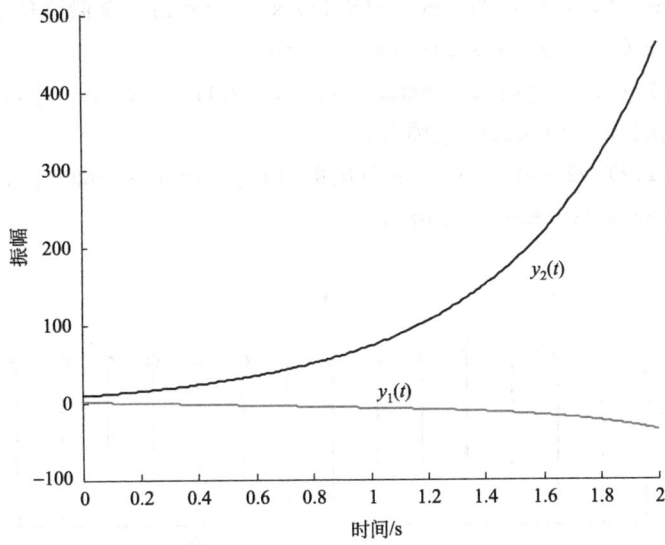

图 24.1 连续系统的输出响应波形

用类似的程序,绘制下列系统输出的时域波形:

$$\begin{bmatrix} \dot{\lambda}_1(t) \\ \dot{\lambda}_2(t) \end{bmatrix} = \begin{bmatrix} 1.2 & 0.5 \\ -1 & 0.4 \end{bmatrix} \begin{bmatrix} \lambda_1(t) \\ \lambda_2(t) \end{bmatrix} + \begin{bmatrix} 0.6 & 1 \\ 1 & -0.2 \end{bmatrix} \begin{bmatrix} x_1(t) \\ x_2(t) \end{bmatrix}$$

$$\begin{bmatrix} y_1(t) \\ y_2(t) \end{bmatrix} = \begin{bmatrix} 0.8 & 1.2 \\ 1 & -1 \end{bmatrix} \begin{bmatrix} \lambda_1(t) \\ \lambda_2(t) \end{bmatrix} + \begin{bmatrix} -1 & 2 \\ 0.3 & 1 \end{bmatrix} \begin{bmatrix} x_1(t) \\ x_2(t) \end{bmatrix}$$

其初始状态和输入分别为

$$\begin{bmatrix} x_1(t) \\ x_2(t) \end{bmatrix} = \begin{bmatrix} u(t) \\ 2\delta(t) \end{bmatrix}, \quad \begin{bmatrix} \lambda_1(0^-) \\ \lambda_2(0^-) \end{bmatrix} = \begin{bmatrix} 1 \\ -1.3 \end{bmatrix}$$

4. 离散系统状态方程的求解

已知某离散系统的状态方程和输出方程为

$$\begin{bmatrix} \lambda_1[n+1] \\ \lambda_2[n+1] \end{bmatrix} = \begin{bmatrix} 0.5 & 0.3 \\ -0.2 & 0.4 \end{bmatrix} \begin{bmatrix} \lambda_1[n] \\ \lambda_2[n] \end{bmatrix} + \begin{bmatrix} 1 & -1 \\ 0.6 & 2 \end{bmatrix} \begin{bmatrix} x_1[n] \\ x_2[n] \end{bmatrix}$$

$$\begin{bmatrix} y_1[n] \\ y_2[n] \end{bmatrix} = \begin{bmatrix} 0.8 & 0.5 \\ 0.6 & 1 \end{bmatrix} \begin{bmatrix} \lambda_1[n] \\ \lambda_2[n] \end{bmatrix} + \begin{bmatrix} 1 & 0.9 \\ 0.4 & 0 \end{bmatrix} \begin{bmatrix} x_1[n] \\ x_2[n] \end{bmatrix}$$

其初始状态和输入为 $\begin{bmatrix} x_1[n] \\ x_2[n] \end{bmatrix} = \begin{bmatrix} u[n] \\ \delta[n] \end{bmatrix}$, $\begin{bmatrix} \lambda_1[0^-] \\ \lambda_2[0^-] \end{bmatrix} = \begin{bmatrix} 1 \\ -1 \end{bmatrix}$, 绘制输出的时域波形。

绘制输出的时域波形程序清单如下,输出结果的波形如图 24.2 所示。

```
A = [0.5 0.3; -0.2 0.4]; B = [1 -1; 0.6 2]; C = [0.8 0.5; 0.6 1];
D = [1 0.9; 0.4 0]; r0 = [1; -1]; N = 16; n = 1:N;
x(:,1) = ones(N,1); x(:,2) = zeros(N,1); x(1,2) = 1;    % 激励信号
sys = ss(A,B,C,D,[]); y = lsim(sys,x,[],r0);
subplot(2,1,1); y1 = y(:,1)'; stem((0:N-1),y1); title('y1[n]');
xlabel('时间/s'); ylabel('振幅');
subplot(2,1,2); y2 = y(:,2)'; stem((0:N-1),y2); title('y2[n]');
xlabel('时间/s'); ylabel('振幅');
```

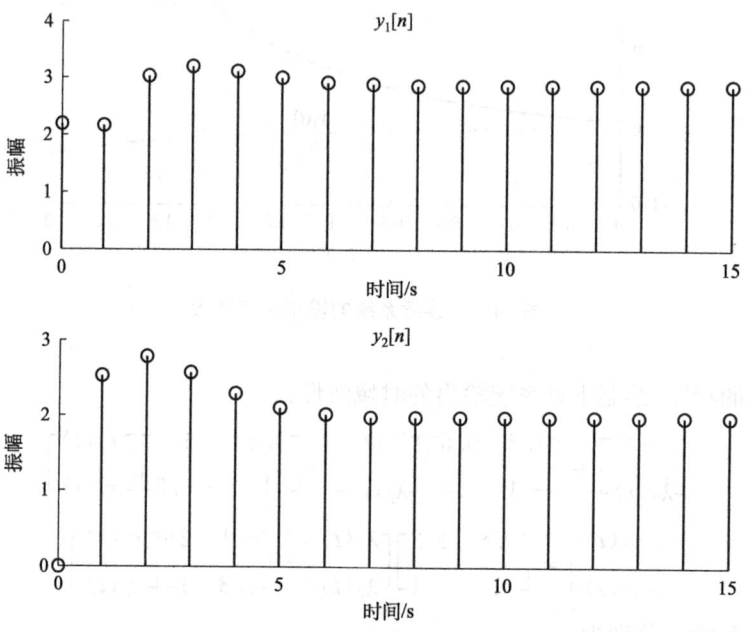

图 24.2 离散系统的输出响应波形

用类似的程序,绘制下列系统输出的时域波形:

$$\begin{bmatrix} \lambda_1[n+1] \\ \lambda_2[n+1] \end{bmatrix} = \begin{bmatrix} 0.4 & -0.1 \\ 1 & -0.4 \end{bmatrix} \begin{bmatrix} \lambda_1[n] \\ \lambda_2[n] \end{bmatrix} + \begin{bmatrix} 2 \\ 3 \end{bmatrix} x[n], \quad \begin{bmatrix} y_1[n] \\ y_2[n] \end{bmatrix} = \begin{bmatrix} -1 & 2 \\ 0.3 & -1 \end{bmatrix} \begin{bmatrix} \lambda_1[n] \\ \lambda_2[n] \end{bmatrix}$$

其初始状态和输入分别为

$$x[n] = u[n], \quad \begin{bmatrix} \lambda_1[0^-] \\ \lambda_2[0^-] \end{bmatrix} = \begin{bmatrix} 0.7 \\ -2 \end{bmatrix}$$

24.4 实 验 要 求

给出每个实验内容的 Matlab 程序,程序中所用变量和函数需加适当注释,复制程序运行时域波形和幅度频谱。

24.5 思 考 题

1) 状态方程的阶数是由什么因素确定的?它与输入信号及输出信号的个数有关吗?
2) 由状态方程判断系统的稳定性,其是否与各矩阵都有关系?
3) 系统函数矩阵 $H(s)$ 或 $H(z)$ 的行和列的个数与系统的什么参数有关?
4) 对同一连续系统可以建立不同形式的状态方程,即这些不同形式的状态方程的 A 矩阵是不同的,但它们的 A 矩阵有一共同的特点,是什么?

实验 25　IIR 数字滤波器的设计

25.1　实验目的

了解数字滤波器的基本概念,掌握模拟低通滤波器到数字低通滤波器的转换方法;理解 IIR 数字滤波器的滤波类型;掌握 IIR 低通、高通、带通和带阻数字滤波器设计方法;掌握 IIR 滤波器性能分析方法。

25.2　实验原理

一个 N 阶 IIR 数字滤波器的系统函数可表示为

$$H(z) = \frac{b_0 + b_1 z^{-1} + \cdots + b_{M-1} z^{-M+1} + b_M z^{-M}}{a_0 + a_1 z^{-1} + \cdots + a_{N-1} z^{-N+1} + a_N z^{-N}} \tag{25.1}$$

数字滤波器的设计就是确定系统函数的系数 a_i、$b_j (i=0,1,\cdots,N; j=0,1,\cdots,M)$,使数字滤波器频率响应满足给定的性能指标。因为数字滤波器在很多场合所要完成的任务与模拟滤波器相同,如作低通、高通、带通及带阻滤波等,这时数字滤波也可看作是"模仿"模拟滤波。因此,本实验采用模拟滤波器的理论来设计数字滤波器。

先设计一个合适的模拟滤波器,然后变换成满足预定指标的数字滤波器。脉冲响应不变法和双线性变换法是两种常用的映射变换方法。

1. 脉冲响应不变法

脉冲响应不变法是从滤波器的脉冲响应出发,使数字滤波器的单位脉冲响应序列 $h[n]$ 模仿模拟滤波器的冲击响应 $h_a[n]$,使 $h[n]$ 正好等于 $h_a(t)$ 的采样值,即

$$h[n] = h_a(nT) \tag{25.2}$$

其中:T 为采样周期。如以 $H(z)$ 及 $H_a(s)$ 分别表示 $h[n]$ 的 z 变换及 $h_a(t)$ 的拉普拉斯变换,即

$$H_a(s) = L[h_a(t)], H(z) = Z[h[n]] \tag{25.3}$$

则根据采样序列 z 变换与模拟信号拉普拉斯变换的关系,得

$$H(z)|_{z=e^{j\omega}} = \frac{1}{T} \sum_{m=-\infty}^{\infty} H_a\left(j\omega + j\frac{2\pi m}{T}\right) \tag{25.4}$$

上式表明,采用脉冲响应不变法将模拟滤波器变换为数字滤波器时,它所完成的 s 平面到 z 平面的变换,正是拉普拉斯变换到 z 变换的标准变换关系,即首先对 $H_a(s)$ 作周期延拓,然后再经过 $z=e^{st}$ 的映射关系映射到 z 平面上。

脉冲响应不变法特别适用于用部分分式表达的系统函数,模拟滤波器的系统函数若

只有单阶极点,则可表达为部分分式形式,即

$$H(s) = \sum_{i=1}^{N} \frac{A_i}{s - s_i} \tag{25.5}$$

对应的数字滤波器的系统函数为

$$H(z) = \sum_{i=1}^{N} \frac{A_i}{1 - e^{s_i T} z^{-1}} \tag{25.6}$$

2. 双线性变换法

脉冲响应不变法的主要缺点是频谱交叠产生的混淆,这是从 s 平面到 z 平面的标准变换 $z = e^{sT}$ 的多值对应关系导致的。为了克服这一缺点,可以采用双线性变换法,其中 s 平面与 z 平面的单值映射关系如下:

$$s = \frac{2}{T} \frac{1 - z^{-1}}{1 + z^{-1}} \quad z = \frac{1 + (T/2)s}{1 - (T/2)s} \tag{25.7}$$

双线性变换法靠频率的严重非线性关系,得到 s 平面与 z 平面的单值一一对应,所以不会出现由于高频部分超过折叠频率而混淆到低频部分去的现象。由于 s 与 z 之间的简单代数关系,所以从模拟系统函数可直接通过代数置换得到数字滤波器的系统函数,转换关系如下:

$$H(z) = H_a(s)\big|_{s = \frac{2}{T} \frac{1-z^{-1}}{1+z^{-1}}} = H_a\left(\frac{2}{T} \frac{1-z^{-1}}{1+z^{-1}}\right) \tag{25.8}$$

3. IIR 数字低通滤波器典型设计

在 Matlab 中设计 IIR 低通数字滤波器的步骤如下:
(1) 把数字低通滤波器的性能指标转换为模拟低通滤波器的性能指标;
(2) 根据低通滤波器的性能指标和滤波器类型(巴特沃思、切比雪夫 I 型、切比雪夫 II 型和椭圆型)选择函数,来估计系统函数的阶数 N 和截止频率 ω_n;
(3) 由滤波器阶数 N 得到模拟低通滤波器原型;
(4) 由截止频率 ω_n 把模拟低通滤波器原型转换为相应的模拟低通、高通、带通或带阻滤波器;
(5) 运用脉冲不变法或双线性变换法将模拟滤波器转换成数字滤波器。

4. Matlab 函数直接设计 IIR 数字滤波器

Matlab 信号处理工具箱提供了几个用于直接设计 IIR 数字滤波器的函数,为滤波器的设计带来了极大的方便。有 butter、cheby1、cheby2、ellip 四个函数可以直接设计巴特沃思、切比雪夫 I 型、切比雪夫 II 型和椭圆型四种类型数字滤波器,上述函数中通过设定不同参数可以设计成低通、高通、带通或带阻滤波器。

5. IIR 数字滤波器性能分析

分析数字滤波器的脉冲响应可以调用函数 impz;分析数字滤波器的频率响应可以调

用函数 freqz；分析模拟滤波器的频率响应可以调用函数 freqs。

25.3 实验内容

1. 数字低通滤波器设计

采用脉冲响应不变法设计一个巴特沃思低通数字滤波器，其通带上限临界频率为 200Hz，阻带临界频率为 300Hz，采样频率为 1000Hz，通带内的最大衰减为 0.4dB，阻带内的最小衰减为 40dB，计算滤波器的系统函数，在绘图窗口绘出滤波器的脉冲响应、频率特性。

2. 数字高通滤波器设计

采用双线性不变法设计一个切比雪夫 II 型高通数字滤波器，其通带上限临界频率为 2000Hz，阻带临界频率为 1500Hz，采样频率为 8000Hz，通带内的最大衰减为 0.3dB，阻带内的最小衰减为 20dB，计算滤波器的系统函数，在绘图窗口绘出滤波器的脉冲响应、频率特性。

设计满足上述性能指标的数字高通滤波器程序如下，程序包括绘制滤波器的幅频特性和单位样值响应波形，结果的如图 25.1 所示，其中幅频特性的横坐标表示对应的模拟频率，最大频率为 4000Hz，其数字频率为 $\pi/2$。

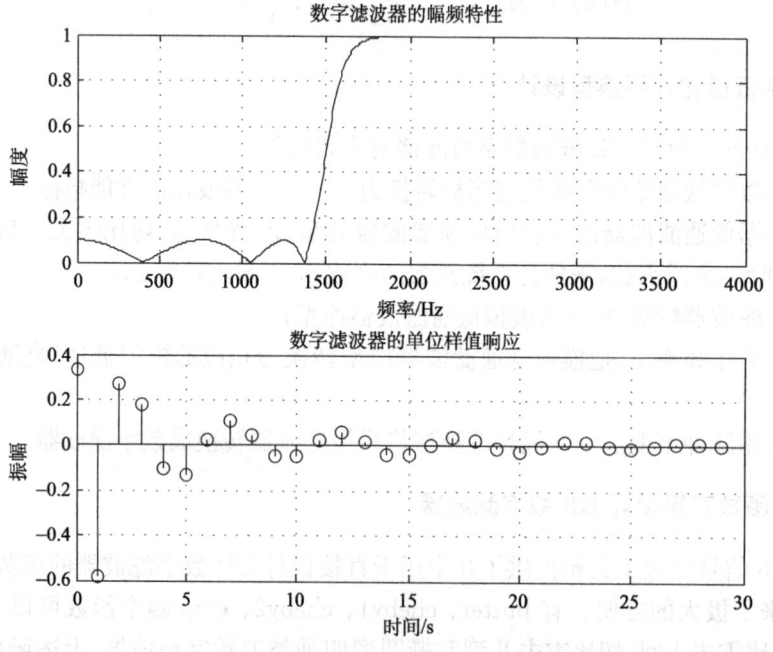

图 25.1 数字高通滤波器的幅频特性和单位样值响应波形

```
% 数字高通滤波器的频率表征
Fs = 8000;Wp = 2 * pi * 2000;Ws = 2 * pi * 1500;Rp = 0.3;Rs = 20;
```

```
% 选择模拟滤波器最小阶数
[N,Wn] = cheb2ord(Wp,Ws,Rp,Rs,'s');
% 低通模拟滤波器的零点、极点和增益,转化成状态方程形式
[Z,P,K] = cheb2ap(N,Rs);
[A,B,C,D] = zp2ss(Z,P,K);
% 低通模拟转化成高通模拟
[A1,B1,C1,D1] = lp2hp(A,B,C,D,Wn);
% 用双线性变换法把模拟转换成数字
[A2,B2,C2,D2] = bilinear(A1,B1,C1,D1,Fs);
[num,den] = ss2tf(A2,B2,C2,D2);    % 转化成有理分式形式
[H,W] = freqz(num,den);subplot(2,1,1);    % 绘制幅频响应频谱
plot(W*Fs/2/pi,abs(H));grid;title('数字滤波器的幅频特性');
xlabel('频率/Hz');ylabel('幅度');
[h,t] = impz(num,den,30);subplot(2,1,2);    % 绘制滤波器的单位样值响应
stem(t,h);grid;title('数字滤波器的单位样值响应');
xlabel('时间/s');ylabel('振幅');
```

3. 数字带通滤波器设计

采用直接法设计通带频率为 200~400Hz 的 8 阶切比雪夫 II 型带通数字滤波器,采样频率为 1000Hz,其中滤波器在阻带内的波动为 20dB,通带内波动为 0.5dB,计算滤波器的系统函数,在绘图窗口绘出滤波器的脉冲响应、频率特性。

4. 数字带阻滤波器设计

采用直接法设计带阻椭圆数字滤波器,其通带截止频率为 400~800Hz,阻带截止频率为 500~700Hz;在通带内的波纹最大衰减为 0.2dB,在阻带内的波纹最小衰减为 30dB,采样频率为 2000Hz。计算滤波器的系统函数,在绘图窗口绘出滤波器的脉冲响应、频率特性。

设计满足上述性能指标的数字带阻滤波器程序如下,程序包括绘制滤波器的幅频特性和单位样值响应波形,结果如图 25.2 所示,其中幅频特性的横坐标表示对应的模拟频率,最大频率为 1000Hz,其数字频率为 $\pi/2$。

```
% 数字滤波器的频率特征
Fs = 2000;Wp1 = 400;Wp2 = 800;Wp = [Wp1,Wp2];
Ws1 = 500;Ws2 = 700;Ws = [Ws1,Ws2];Rp = 0.2;Rs = 30;
% 选择模拟滤波器最小阶数
[N,Wn] = ellipord(2*Wp/Fs,2*Ws/Fs,Rp,Rs);
[num,den] = ellip(N,Rp,Rs,Wn,'stop');    % 直接设计带阻滤波器
[H,W] = freqz(num,den);subplot(2,1,1);plot(W*Fs/2/pi,abs(H));
grid;title('数字带阻滤波器的幅频特性');
```

```
xlabel('频率/Hz');ylabel('幅度');
[h,t] = impz(num,den,50);subplot(2,1,2);
stem(t,h);grid;title('数字带阻滤波器的单位样值响应');
xlabel('时间/s');ylabel('振幅');
```

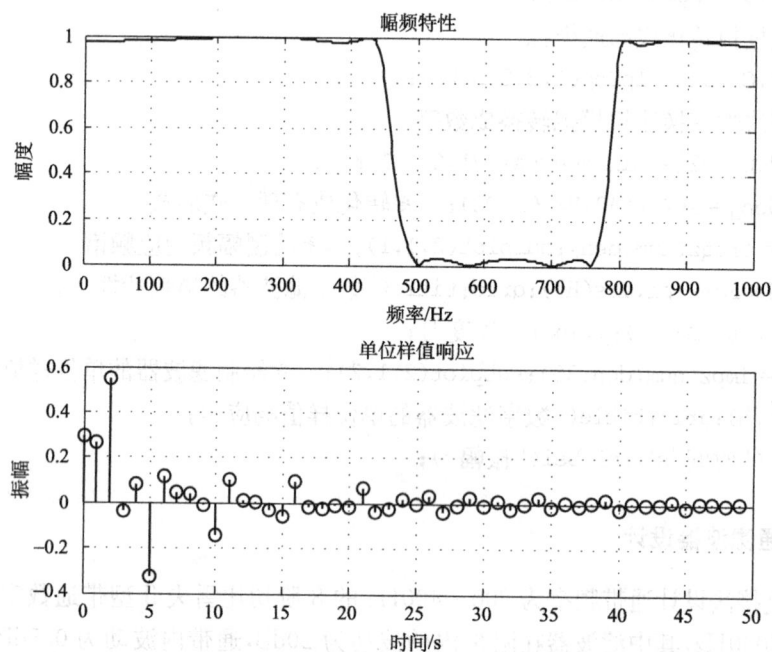

图 25.2 数字带阻滤波器的幅频特性和单位样值响应

25.4 实验要求

给出上述没有完成的 IIR 数字滤波器实现的 Matlab 程序,程序中所用变量和函数需加适当注释,绘出滤波器的单位样值响应波形和幅度频响曲线,讨论滤波器不同实现方法的特点,比较数字滤波器不同的时域和频域性能指标。

25.5 思 考 题

1) 双线性不变法中模拟频率与数字频率之间的关系是非线性的,如何在数字滤波器设计中观察到这种非线性关系?

2) 巴特沃思、切比雪夫 I 型、II 型和椭圆型四种滤波器在幅频特性上的主要区别是什么?

3) 在同样的滤波器性能指标条件下,采用上述四种类型滤波器分别设计并绘制滤波器的幅频特性,会得出什么样的结论?

实验 26 FIR 数字滤波器的设计

26.1 实 验 目 的

掌握 FIR 数字滤波器的窗函数设计法原理;熟悉线性相位 FIR 滤波器的幅频特性和相频特性;了解不同窗函数对滤波器性能的影响;掌握 FIR 滤波器性能分析方法。掌握 Matlab 软件 FIR 滤波器设计的基本库函数。

26.2 实 验 原 理

1. FIR 滤波器窗函数设计原理

如果希望得到 FIR 数字滤波器的理想频率特性为 $H_d(e^{j\omega})$,则 FIR 滤波器的设计就是寻找一个系统函数 $H(e^{j\omega}) = \sum_{n=0}^{N-1} h[n] e^{-jn\omega}$ 去逼近。窗函数设计法是从时域入手进行逼近的方法。

窗函数设计法是从单位样值序列着手,使 $h[n]$ 逼近理想的单位脉冲响应序列 $h_d[n]$,而 $h_d[n]$ 可以从理想频率特性通过傅里叶逆变换获得,其表达式为

$$h_d[n] = \frac{1}{2\pi} \int_{-\pi}^{\pi} H_d(e^{j\omega}) e^{j\omega n} d\omega \tag{26.1}$$

一般来说,理想频率特性 $H_d(e^{j\omega})$ 是分段恒定,在边界频率处有突变点,所以,这样得到的理想单位样值响应 $h_d[n]$ 往往都是无限长序列,而且是非因果的。最简单的办法是直接截取一段 $h_d[n]$,其长度为 N,并延时 $(N-1)/2$ 个采样周期。这种截取的有限长即为 $h[n]$,可以形象地想象为 $h[n]$ 是通过一个"窗口"所看到的一段 $h_d[n]$,因此,$h[n]$ 也可表达为 $h_d[n]$ 和一个"窗函数"的乘积,即

$$h[n] = h_d[n] \cdot w[n] \tag{26.2}$$

其中:$w[n]$ 就是矩形窗函数。经过加窗处理后,对理想频率响应为 $H_d(e^{j\omega})$,此时会产生过渡带、肩峰值和旁瓣等影响。

2. FIR 滤波器窗函数设计步骤

设计 FIR 数字滤波器时,根据滤波器衰减的要求选择不同的窗函数。常用的窗函数有矩形窗、三角窗、汉宁窗、汉明窗、布莱克曼窗和凯泽窗,根据滤波器过渡带宽度选择窗函数列长度,设计步骤如下:

(1) 给定滤波器理想频率特性 $H_d(e^{j\omega})$;
(2) 计算理想的单位脉冲响应序列 $h_d[n]$;

(3) 根据过渡带宽度和阻带最小衰减,选定窗函数类型并计算窗函数的长度 N。一般 N 需经多次调整后最优确定;

(4) 根据所选择的窗函数和得到的长度 N 来计算和 $h[n]$,即

$$h[n] = w[n]h_d[n], \quad n = 0, 1, \cdots, N-1 \tag{26.3}$$

26.3 实验内容

1. FIR 数字低通滤波器窗函数设计

用矩形窗、汉宁窗、汉明窗、布莱克曼窗分别设计 FIR 低通滤波器。信号的采样频率为 1500Hz,数字滤波器的截止频率为 300Hz,滤波器的阶数为 60。在同一绘图窗绘出上述滤波器的幅频特性曲线。

2. FIR 数字高通滤波器窗函数设计

用矩形窗、汉宁窗、汉明窗、布莱克曼窗分别设计 FIR 高通滤波器。信号的采样频率为 2000Hz,数字滤波器的截止频率为 300Hz,滤波器的阶数为 80。在同一绘图窗绘出上述滤波器的幅频特性曲线。

不同窗函数设计的 FIR 高通滤波器的程序清单如下,滤波器的幅频特性波形如图 26.1 所示。

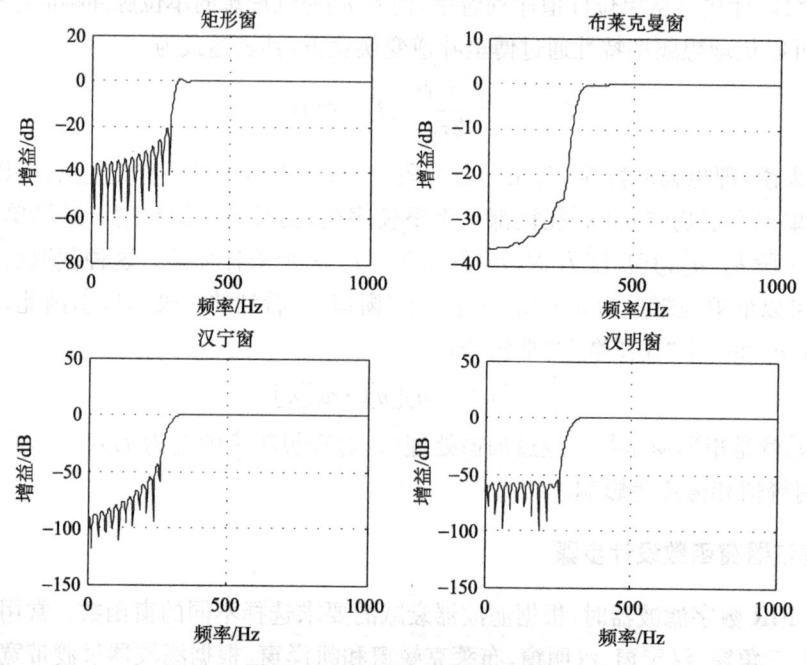

图 26.1 高通滤波器幅频特性

```
% 数字 FIR 高通滤波器设计
Wn = 2 * 300/2000; N = 80;
```

```
Win1 = boxcar(N + 1);Win2 = triang(N + 1);    %窗口函数;
Win3 = hanning(N + 1);Win4 = hamming(N + 1);
%FIR高通滤波器
b1 = fir1(N,Wn,'high',Win1);b2 = fir1(N,Wn,'high',Win2);
b3 = fir1(N,Wn,'high',Win3);b4 = fir1(N,Wn,'high',Win4);
[H1,W1] = freqz(b1,1,512,2000);[H2,W2] = freqz(b2,1,512,2000);   %频率特性
[H3,W3] = freqz(b3,1,512,2000);[H4,W4] = freqz(b4,1,512,2000);
subplot(2,2,1);plot(W1,20 * log10(abs(H1)));title('矩形窗');grid;
xlabel('频率/Hz');ylabel('增益/dB');
subplot(2,2,2);plot(W2,20 * log10(abs(H2)));title('布莱克曼窗');grid;
xlabel('频率/Hz');ylabel('增益/dB');
subplot(2,2,3);plot(W3,20 * log10(abs(H3)));title('汉宁窗');grid;
xlabel('频率/Hz');ylabel('增益/dB');
subplot(2,2,4);plot(W4,20 * log10(abs(H4)));title('汉明窗');grid;
xlabel('频率/Hz');ylabel('增益/dB');
```

3. FIR 数字带通滤波器窗函数设计

用凯泽窗设计一专用线性相位滤波器,$N=40$,滤波器的幅频特性如图 26.2 所示,当 $\beta=4,8$ 时,分别设计不同参数下的数字滤波器,比较它们的幅频和相频特性,注意 β 取不同值时的影响;

不同参数设计的 FIR 带通滤波器的程序清单如下,滤波器的幅频特性和相频特性波形如图 26.3 所示。从滤波器的频响特性可见,其相频特性都呈线性相位,其幅频特性在 β 较小时,过渡带较小,衰减不大,而 β 较大时则相反。

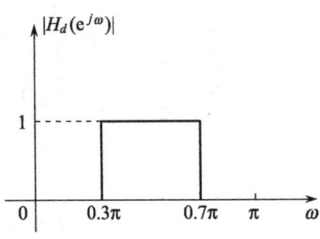

图 26.2 带通滤波器幅频特性

```
%用凯泽窗设计线性相位滤波器
N = 40;beta1 = 4;beta2 = 8;
%给定频率点向量
fpts = [0 0.3 0.3 0.7 0.7 1.0];
%给定频率点的幅度值
mval = [0 0 1 1 0 0];
%凯泽窗口函数,FIR滤波器;
Win1 = kaiser(N + 1,beta1);b1 = fir2(N,fpts,mval,Win1);
Win2 = kaiser(N + 1,beta2);b2 = fir2(N,fpts,mval,Win2);
[H1,W1] = freqz(b1,1,64,'whole');
[H2,W2] = freqz(b2,1,64,'whole');
```

```
subplot(2,2,1);plot(W1/pi,20*log10(abs(H1)));title('beta = 4');grid;
xlabel('角频率\ommiga/rad·s⁻¹');ylabel('增益/dB');
subplot(2,2,2);plot(W2/pi,20*log10(abs(H2)));title('beta = 8');grid;
xlabel('角频率\ommiga/rad·s⁻¹');ylabel('增益/dB');
subplot(2,2,3);plot(W1/pi,angle(H1));grid;
xlabel('角频率\ommiga/rad·s⁻¹');ylabel('相位/rad');
subplot(2,2,4);plot(W2/pi,angle(H2));grid;
xlabel('角频率\ommiga/rad·s⁻¹');ylabel('相位/rad');
```

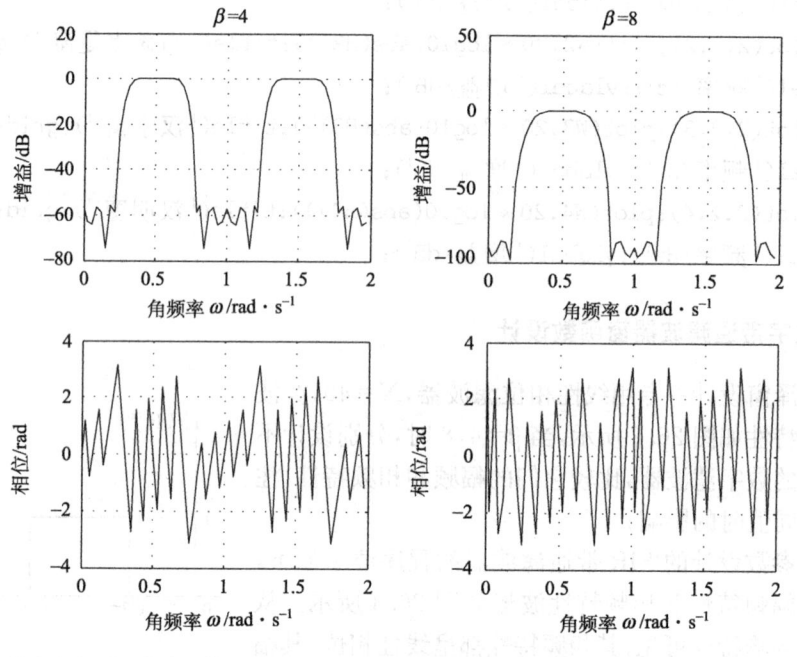

图 26.3 带通滤波器的频响特性

4. FIR 数字低通滤波器窗函数选择

设计一个 FIR 低通滤波器,性能指标为:通带为 0～1000Hz,阻带截止频率为 1500Hz,通带波动 2%,阻带波动 15%,采样频率为 6000Hz,选择合适的窗函数,并画出设计的滤波器幅频和相频特性曲线。

26.4 实验要求

分析并掌握实验内容 2,3 给出的 FIR 数字滤波器实现的 Matlab 程序,编写"26.3 实验内容"中实验 1 和 4 的滤波器的程序,对程序中所用变量和函数需加适当注释,绘出所设计的滤波器的幅度和相位频响曲线。讨论不同窗函数设计方法的特点,复制滤波器频响曲线。

26.5 思 考 题

1) 实验中所设计的 FIR 滤波器的 3dB 截止频率在什么位置？它与理想频率特性为 $H_d(e^{j\omega})$ 的截止频率相同吗？

2) 在同样性能指标下，采用不同窗函数设计 FIR 滤波器，滤波器的频率特性有什么区别？各个不同窗函数的优缺点是什么？

3) 将"26.3 实验内容"中第 4 个实验的情况设计成 IIR 滤波器，比较两种情况下滤波器的频率特性的区别。两种滤波器各自的特点是什么？

实验 27　快速傅里叶变换(FFT)及其应用

27.1　实验目的

加深对快速傅里叶变换(FFT)的理解；熟悉应用 FFT 对典型信号进行频谱分析的方法；了解应用 FFT 进行信号频谱分析以及实际应用可能出现的问题；熟悉应用 FFT 实现两个序列的线性卷积的方法；熟悉 FFT 计算与应用的 Matlab 软件编程。

27.2　实验原理

1. 离散傅里叶变换(DFT)与快速傅里叶变换(FFT)

N 点有限长序列的离散傅里叶正变换 DFT 和逆变换 IDFT 的定义式如下：

$$(\text{DFT}) \quad X[k] = \sum_{n=0}^{N-1} x[n] W_N^{kn}, \quad k = 0,1,\cdots,N-1 \tag{27.1}$$

$$(\text{IDFT}) \quad x[n] = \frac{1}{N} \sum_{k=0}^{N-1} X[k] W_N^{-kn}, \quad n = 0,1,\cdots,N-1 \tag{27.2}$$

利用旋转因子 $W_N^{kn} = e^{-j\frac{2\pi}{N}nk}$ 的周期性和对称性，可以得到快速傅里叶算法(FFT)。FFT 不是 DFT 的另一种形式，只是减少 DFT 计算次数的一种快速有效的算法。FFT 是对上述变换式进行多次分解，使其成为若干小点数的组合，从而减少运算量。常用的 FFT 是以 2 为基数的，其长度 $N=2^l$，它的效率高、程序简单、使用非常方便。当要变换的序列长度不等于 2 的整数次方时，为了使用以 2 为基数的 FFT，可以用末位补零的方法，使其长度延长至 2 的整数次方。通过变换式多次分解，可以将原来直接计算 DFT 所需要的 N^2 次复数乘法减少成 $\frac{1}{2}N\log_2 N$ 次复数乘法。

2. 快速傅里叶变换(FFT)的应用

1) 典型离散序列的频谱分析

通过 FFT 可以计算有限长序列的频域离散序列 $X[k]$；取 $X[k]$ 的模和相位，可以在频域绘出幅频和相频离散序列，从而可以进行离散序列的频谱分析。

2) 计算线性卷积

用 FFT 可以实现两个序列的圆周卷积。在一定的条件下，可以使圆周卷积等于线性卷积。

设两个序列的长度分别为 N_1 和 N_2，使圆周卷积等于线性卷积的充要条件是 FFT 的长度 $N \geqslant N_1 + N_2$，对于长度不足 N 的两个序列，分别将它们补零延长到 N。

当两个序列中有一个序列比较长的时候,我们可以采用重叠相加法分段卷积,即将长序列分成与短序列相仿的片段,分别用 FFT 对它们作线性卷积,再将分段卷积各段重叠的部分相加构成总的卷积输出。

3) 离散信号滤波

当离散信号中存在噪声信号时,可以通过将离散信号进行 FFT 变换,在频域中将包含噪声的离散信号滤除,再将滤除噪声的离散信号进行 IFFT 变换,从而达到滤除噪声的目的。

3. 连续信号的 FFT 频谱分析

利用 FFT 进行连续信号频谱分析的过程如图 27.1 所示。

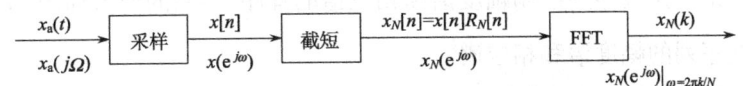

图 27.1 利用 FFT 计算连续信号的频谱分析

用 FFT 进行连续信号频谱分析需要经过多次近似过程。首先,用离散采样信号的频谱 $X(e^{j\omega})$ 来近似连续信号的频谱 $X(j\Omega)$;其次,将 $x[n]$ 截短,相当于用矩形序列与 $x[n]$ 相乘,则 $X_N(e^{j\omega})$ 是 $X(e^{j\omega})$ 和矩形序列的频率特性 $R_N(e^{j\omega})$ 相卷积;最后,对截短信号作 FFT,等效于 $X_N(e^{j\omega})$ 在频率轴上进行等间隔采样。以上这些近似处理将产生如下问题:

1) 混叠现象

采样序列的频谱 $X(e^{j\omega})$ 是连续信号频谱 $X(j\Omega)$ 的周期延拓,如采样频率过低,不满足采样定理,则导致频谱混叠,使一个周期内的谱对原连续信号谱产生失真,无法恢复原信号,从而使进一步的数字处理失去依据。

为了确保无混叠现象,可以在采样前用模拟低通滤波器将原信号的最高频率限制在采样频率的一半以下,这样的模拟低通滤波器称为抗混叠滤波器。

2) 泄漏现象

理论分析可知:一个时间有限的信号的频带宽度为无限,一个时间无限的信号的频带宽度为有限。对于一个时间无限的信号,在进行 FFT 运算中,时间长度只能取有限值,即将 $x[n]$ 截短,从而频域出现有限频带被扩散的现象。

泄漏现象使得频谱分析产生误差。若截短的长度 N 增加,$X_N(e^{j\omega})$ 更接近理论值 $X(e^{j\omega})$;反之,若截短的长度 N 减小,则泄漏误差加大。由于泄漏使信号的频谱展宽,还会产生混叠现象。

3) 栅栏效应

N 点 FFT 是在频率区间 $[0,2\pi]$ 上对信号频谱进行 N 点等间隔采样,得到的是若干个离散的频谱点 $X[k]$,且它们限制在基频的整数倍上,这就好像在栅栏的一边通过缝隙看另一边的景象一样,只能在离散点处看到真实的景象,其余部分频谱成分被遮挡,所以称之为栅栏效应。

减小栅栏效应方法:原序列尾部补零,增加序列的长度,使谱线变密,增加频域采样点数,原来漏掉的某些频谱分量就可能被检测出来。

27.3 实验内容

1) 分析下列典型离散序列的离散傅里叶变换,并在绘图窗口绘制幅度谱和相位谱。

(1) 三角波序列:$x_1[n]=\begin{cases} n+1, & 0 \leqslant n \leqslant 4, \\ 9-n, & 5 \leqslant n \leqslant 8, \\ 0, & 其他; \end{cases}$

(2) 矩形序列:$x_2[n]=\begin{cases} 1, & 0 \leqslant n \leqslant 6, \\ 0, & 其他。 \end{cases}$

下列程序是三角波序列绘制幅度谱和相位谱的程序,绘制的波形如图 27.2 所示。

```
% 三角波序列的幅度谱和相位谱
n = 0:8;x1 = [1 2 3 4 5 4 3 2 1];
% 离散傅里叶变换
y = fft(x1);subplot(2,1,1);
stem(n,abs(y));title('幅度谱');grid;
xlabel('角频率序号 k');ylabel('幅度');
subplot(2,1,2);stem(n,angle(y));
title('相位谱');grid;
xlabel('角频率序号 k');ylabel('相位/rad');
```

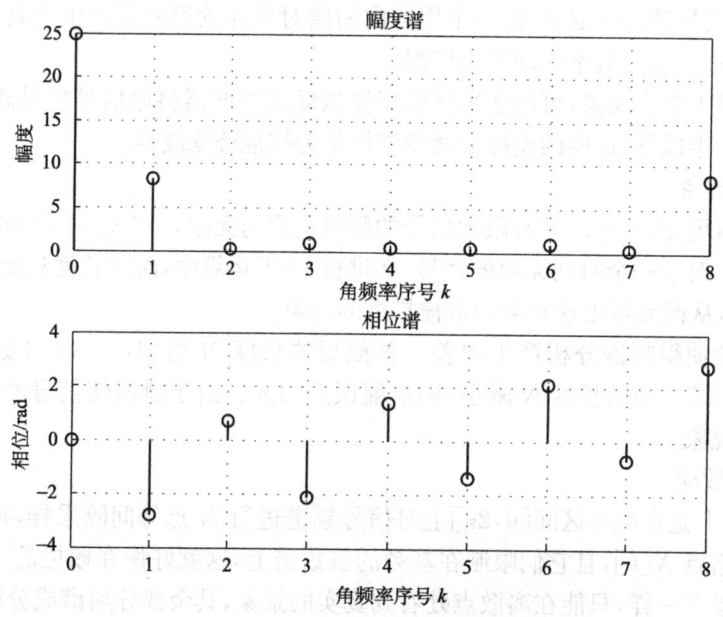

图 27.2 三角波序列的幅度谱和相位谱

2) 用 FFT 计算下列两个离散序列的线性卷积,并在绘图窗口绘制这两个离散序列及其卷积后序列的幅度谱,分析幅度谱之间的关系:

(1) $x_1[n]=\begin{cases} n+1, & 0\leqslant n\leqslant 4, \\ 10-n, & 5\leqslant n\leqslant 9, \\ 0, & 其他, \end{cases}$ $x_2[n]=\begin{cases} 2^n, & 0\leqslant n\leqslant 5, \\ -2^{n-6}, & 6\leqslant n\leqslant 11, \\ 0, & 其他; \end{cases}$

(2) $x_3[n]=\begin{cases} 0.8^n & 0\leqslant n\leqslant 6, \\ n-3 & 7\leqslant n\leqslant 11, \\ 0, & 其他, \end{cases}$ $x_4[n]=\begin{cases} n-1, & 0\leqslant n\leqslant 4, \\ -0.6^{n-6}, & 5\leqslant n\leqslant 12, \\ 0, & 其他。 \end{cases}$

下列程序是绘制 $x_1[n]$,$x_2[n]$ 序列幅度谱及其卷积序列,以及卷积序列幅度谱的程序,绘制的波形如图 27.3 所示,所有幅度谱的长度取 32 点。

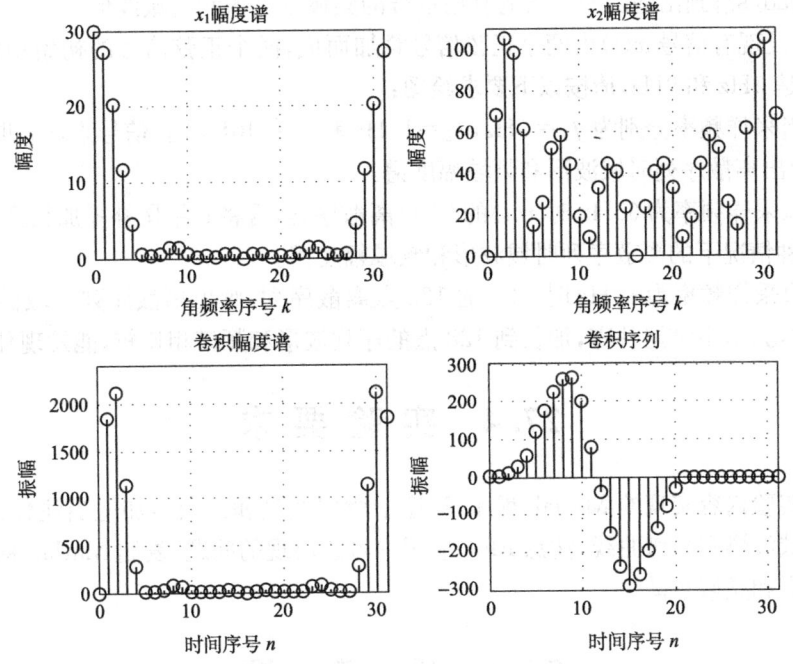

图 27.3 序列的幅度谱、卷积序列及其幅度谱

```
%卷积序列及其幅度谱
n = 0:31;x1 = [1 2 3 4 5 5 4 3 2 1];
x2 = [1 2 4 8 16 32 -1 -2 -4 -8 -16 -32];
%求32点离散傅里叶变换,10＋12＝22,补零到32
y1 = fft(x1,32);y2 = fft(x2,32);yy = y1.*y2;
y = ifft(yy,32);    %求离散傅里叶逆变换
subplot(2,2,1);stem(n,abs(y1));title('x1 幅度谱');grid;axis([0,31,0,30]);
xlabel('角频率序号 k');ylabel('幅度');
subplot(2,2,2);stem(n,abs(y2));title('x2 幅度谱');grid;axis([0,31,0,
```

110]);
    xlabel('角频率序号 k');ylabel('幅度');
    subplot(2,2,3);stem(n,abs(yy));title('卷积幅度谱');grid;axis([0,31,0,2400]);
    xlabel('时间序号 n');ylabel('振幅');
    subplot(2,2,4);stem(n,y);title('卷积序列');grid;axis([0,31,-300,300]);
    xlabel('时间序号 n');ylabel('振幅');

3) 使用频谱分析区分受随机噪声干扰的信号中的有用分量。原信号为 $x(t)=\mathrm{Sa}(100t)+rand(1)$ [$rand(1)$ 为幅度在 0~1 的随机信号],用 FFT 对 $x(t)$ 进行频谱分析,系统的采样频率应如何取?画出 $x(t)$ 时域波形(时间为 0~0.1s)和频域幅度谱(角频率为 0~300rad/s);画出滤除噪声后的有用信号的频域幅度谱和时域波形。

4) 假设现有信号 $x(t)$ 由两个正弦信号叠加而成,两个正弦信号的初始相位均为零,频率分别是 5Hz 和 9Hz,请按以下要求绘图:

(1) 当采样频率分别为 $f_1=5\mathrm{Hz}$,$f_2=15\mathrm{Hz}$ 和 $f_3=40\mathrm{Hz}$ 时,信号采样后取 128 点离散序列,画出离散序列时域波形和频域幅度谱。

(2) 取采样频率为 60Hz 时 $x(t)$ 的 64 点离散序列,再将其结尾补零加长到 128 点,画出上述两种情况下的离散序列时域波形和频域幅度谱。

(3) 取采样频率为 60Hz 时 $x(t)$ 的 128 点离散序列,画出离散序列时域波形和频域幅度谱,并与(2)中结尾补零,加长到 128 点的序列波形和频谱相比较,能发现什么现象?

27.4 实 验 要 求

给出实验内容实现的 Matlab 程序,程序中所用变量和函数需加适当注释,绘出相应序列的时域波形和频谱曲线,注意 FFT 应用中可能出现的问题,复制 Matlab 程序所绘制的时域波形和频域频谱。

27.5 思 考 题

1) 理解线性卷积、圆周卷积和循环卷积的区别。用 FFT 计算线性卷积时,FFT 的长度 N 应满足什么条件?

2) 实数序列 $x(t)$ 的频域幅度谱和相位谱有什么规律?虚数序列 $x(t)$ 的频域幅度谱和相位谱有什么规律?反之可以得出什么结论?

3) FFT 也可以滤除信号中的噪声分量,从而恢复原信号,那么它与 IIR 和 FIR 滤波器的区别是什么?

4) 同一连续信号离散化后有两种情况,第一种是取较长的离散序列求 FFT;第二种是取较短的离散序列,结尾补零扩展成与第一种中的长度相等,再求 FFT。在上述两种情况下,信号的频谱有何异同点?

实验 28　滤波器结构及其量化效应

28.1　实　验　目　的

掌握 IIR 滤波器基本结构类型，即直接型 I、直接型 II、级联型和并联型；掌握 FIR 滤波器基本结构类型，即直接型、级联型和线性相位型；理解量化效应对滤波器频率特性的影响、对滤波器零极点位置的影响；理解滤波器结构对量化误差的影响；熟悉滤波器结构参数计算和量化误差估计的 Matlab 编程。

28.2　实　验　原　理

1. IIR 数字滤波器的结构

一个 IIR 数字滤波器的系统函数可表示为有理函数形式：

$$H(z) = \frac{b_0 + b_1 z^{-1} + \cdots + b_M z^{-M}}{1 - a_1 z^{-1} - \cdots - a_N z^{-N}} \tag{28.1}$$

$$H(z) = p_0 \prod_k \left(\frac{1 + \beta_{1k} z^{-1} + \beta_{2k} z^{-2}}{1 + \alpha_{1k} z^{-1} + \alpha_{2k} z^{-2}} \right) \tag{28.2}$$

$$H(z) = \gamma_0 + \sum_k \frac{\gamma_{0k} + \gamma_{1k} z^{-1}}{1 + \alpha_{1k} z^{-1} + \alpha_{2k} z^{-2}} \tag{28.3}$$

$$H(z) = \delta_0 + \sum_k \frac{\delta_{1k} z^{-1} + \delta_{2k} z^{-2}}{1 + \alpha_{1k} z^{-1} + \alpha_{2k} z^{-2}} \tag{28.4}$$

由式(28.1)可以得到直接型 I 和直接型 II 结构；由式(28.2)可以得到级联型结构，由式(28.3)可以得到并联型 I 结构，由式(28.4)可以得到并联型 II 结构，其中，每个二阶基本型均由直接型 II 构成。IIR 数字滤波器结构与模拟滤波器结构相似。

2. FIR 数字滤波器的结构

一个 FIR 数字滤波器的系统函数可表示为有理函数形式：

$$H(z) = \sum_{n=0}^{N-1} h[n] z^{-n} \tag{28.5}$$

$$H(z) = h[0] \prod_{k=1}^{K} (1 + b_{1k} z^{-1} + b_{2k} z^{-2}) \tag{28.6}$$

$$H(z) = \sum_{k=0}^{\frac{N}{2}-1} h[k] z^{-k} + \sum_{k=\frac{N}{2}}^{N-1} h[k] z^{-k} \quad (N \text{ 为偶数}) \tag{28.7}$$

$$H(z) = \sum_{k=0}^{\frac{N}{2}-1} h[k](z^{-k} + z^{-(N-1-k)}) + h\left[\frac{N-1}{2}\right] z^{-\left(\frac{N-1}{2}\right)} \quad (N \text{ 为奇数}) \tag{28.8}$$

由式(28.5)可以得到直接型结构,如图 28.1 所示;由式(28.6)可以得到级联型结构,其中,每个二阶基本型均由直接型构成,如图 28.2 所示;由式(28.7)可以得到 N 为偶数时的线性相位型结构,如图 28.3 所示;由式(28.8)可以得到 N 为奇数时的线性相位型结构,如图 28.4 所示。

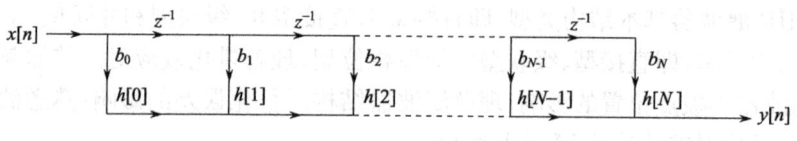

图 28.1　FIR 直接型结构

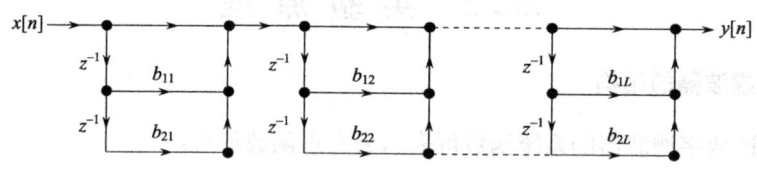

图 28.2　FIR 级联型结构

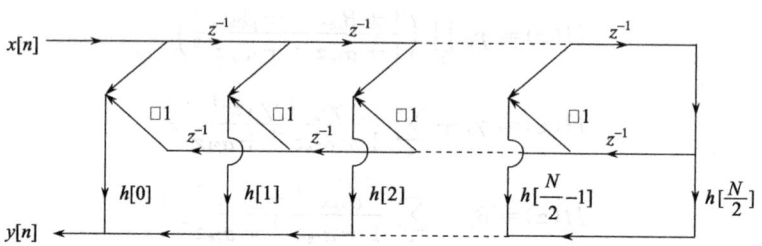

图 28.3　N 为偶数时,FIR 线性相位型结构

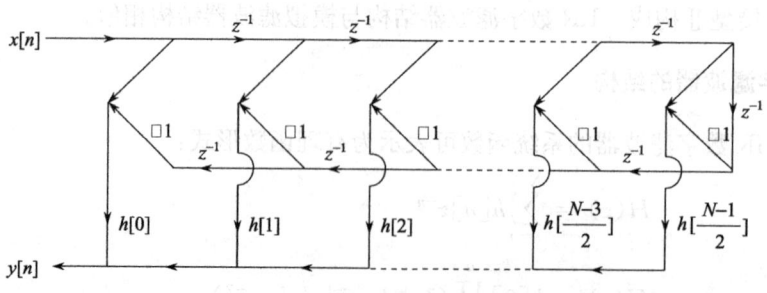

图 28.4　N 为奇数时,FIR 线性相位型结构

3. 系数量化误差

对一个采样数据 $x[n]$，用定点二进制数表示(字长为 $b+1$ 位)：$\beta_0 \cdot \beta_1\beta_2\cdots\beta_b$；

采用截尾处理，则采样数据与量化后二进制存在的量化误差 $e_T(n) = -\sum_{i=b+1}^{\infty}\beta_i 2^{-i}$；

截尾量化误差范围：$-q < e_T(n) \leq 0$，$q = 2^{-b}$；

舍入量化误差范围：$-q/2 < e_R(n) \leq q/2$。

上两式给出了量化误差的范围，要精确知道误差的大小很困难。一般采用分析量化噪声的统计特性来描述量化误差。

采样信号经量化后转换为 b 位数字信号，即 $\hat{x}[n] = x[n] + e[n]$，其中：$e[n]$ 就是量化误差，对其统计特性假定为：①$e[n]$ 是平稳随机序列；②与信号 $x[n]$ 不相关；③$e[n]$ 任意两个值之间不相关，即为白噪声；④$e[n]$ 具有均匀等概率分布。由于 $e[n]$ 是均匀等概率分布，所以，其舍入误差的概率密度分布如图 28.5 所示。

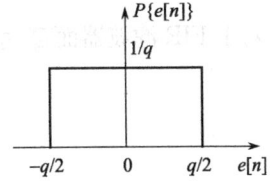

图 28.5 舍入量化误差的概率密度

舍入量化噪声的均值与方差为

$$m_e = \int_{-\infty}^{\infty} ep(e)\mathrm{d}e = \int_{-\frac{q}{2}}^{\frac{q}{2}} \frac{1}{q} e\mathrm{d}e = 0$$

$$\sigma_e^2 = \int_{-\infty}^{\infty}(e-m_e)^2 p(e)\mathrm{d}e = \frac{q^2}{12}$$

可见，量化噪声的方差与量化的字长直接有关，字长越长，量化噪声越小。

定义量化信噪比：用对数表示信噪比 SNR 为

$$\text{SNR} = 10\lg\left(\frac{\sigma_x^2}{\sigma_e^2}\right) = 10\lg[(12 \cdot 2^{2b})\sigma_x^2] = 6.02(b+1) + 10\lg(3\sigma_x^2)$$

其中：σ_x^2 为信号能量。

字长每增加一位，SNR 提高 6dB；信号能量越大，SNR 越高。

4. 量化效应对 IIR 滤波器的影响

设 IIR 滤波器的系统函数只有单极点，表示如式(28.1)。因字长有限，滤波器系统函数的系数量化后将产生误差。量化后的系数为

$$\hat{a}_k = \Delta a_k + a_k, \hat{b}_k = \Delta b_k + b_k$$

其中：$\Delta a_k, \Delta b_k$ 为量化误差，量化后系统函数为

$$\hat{H}(z) = \frac{\sum_{k=0}^{M}\hat{b}_k z^{-k}}{1 - \sum_{k=1}^{N}\hat{a}_k z^{-k}} \tag{28.9}$$

量化后，系统的实际频响与理想频响之间出现偏差，系统函数零极点的实际位置也与理想位置不同。严重时，可能使系统失去稳定。

设 $z_i(i=1,2,\cdots,N)$ 为系统函数的一个单极点,系数 $a_k(k=1,2,\cdots,N)$ 量化对 z_i 的影响由下式表示：

$$\frac{\partial z_i}{\partial a_k} = \frac{-z_i^{-k}}{-z_i^{-1}\prod_{j=1,j\neq i}^{N}(1-z_jz_i^{-1})} = \frac{z_i^{N-k}}{\prod_{j=1,j\neq i}^{N}(z_i-z_j)} \quad (28.10)$$

由式(28.10)可知：极点彼此之间距离越远,极点位置灵敏度就越低；极点彼此越密集,极点位置灵敏度就越高。对级联或并联型,每个子系统最多只有两个共轭极点,故对系数量化影响较小。

5. 量化效应对 FIR 滤波器的影响

对于 FIR 滤波器而言,系数量化只影响零点,不涉及稳定性问题,但会影响频率特性。

28.3 实 验 内 容

1) 将下列数字滤波器的有理数系统函数转换成级联和并联形式：

(1) $H(z) = \dfrac{2z^4+3z^3+5z^2+10z+1}{3z^5+3z^4+4z^3+12z^2+15z+6}$；

(2) $H(z) = \dfrac{3+2z^{-1}-4z^{-3}+5z^{-4}-5z^{-5}}{1-2z^{-1}+4z^{-2}-6z^{-3}+3z^{-4}+2z^{-5}}$。

以下是滤波器(1)的转换程序,可以通过 Matlab 软件的命令窗口获得不同结构的参数,根据其参数可以构造滤波器的系统函数。

```
%系统的级联型和直接型参数求取
num=[2,3,5,10,1];den=[3,3,4,12,15,6];
[sos,g]=tf2sos(num,den);    %直接型转换为级联型
disp('级联型');disp(sos);disp(g);
[r1,p1,k1]=residuez(num,den);   %直接型转换为并联型
disp('并联型');disp(r1);disp(p1);disp(k1);
```

执行程序后可以在 Matlab 软件命令窗可以看到相应的结构参数：

级联型

1.0000	1.6790	0	1.0000	0.7645	0
1.0000	0.1052	0	1.0000	−1.4675	2.6741
1.0000	−0.2842	2.8305	1.0000	1.7030	0.9783

0.6667

并联型

0.0911 − 0.2032i
0.0911 + 0.2032i
0.8811 − 0.1285i
0.8811 + 0.1285i

− 1.2779

0.7337 + 1.4614i

0.7337 − 1.4614i

− 0.8515 + 0.5032i

− 0.8515 − 0.5032i

− 0.7645

2) 设计 IIR 切比雪夫 I 型 6 阶数字高通滤波器直接型、级联和并联型,其截止频率为 0.5π,通带波纹为 1dB。对滤波器进行舍入处理,滤波器系数量化效应(字长为 6 位)。在绘图窗口 1 绘制三种形式量化前后的幅频特性变化,在绘图窗口 2 绘制三种形式的零极点位置变化。

为了实现滤波器系数量化,利用函数 srlh(d,b) 实现二进制 b 位舍入法量化功能。

```
function ses = srlh(d,b)
% 将十进制舍入到 b 位二进制,然后再转换为十进制
m = 1;d1 = abs(d);
while fix(d1)>0
d1 = abs(d)/(2^m);m = m + 1;
end
ses = fix(d1 * 2^b + 0.5);ses = sign(d). * ses. * 2^(m − b − 1);
```

以下是高通滤波器直接型的幅频特性和零极点分布图的程序,绘制的波形分布如图 28.6 所示。

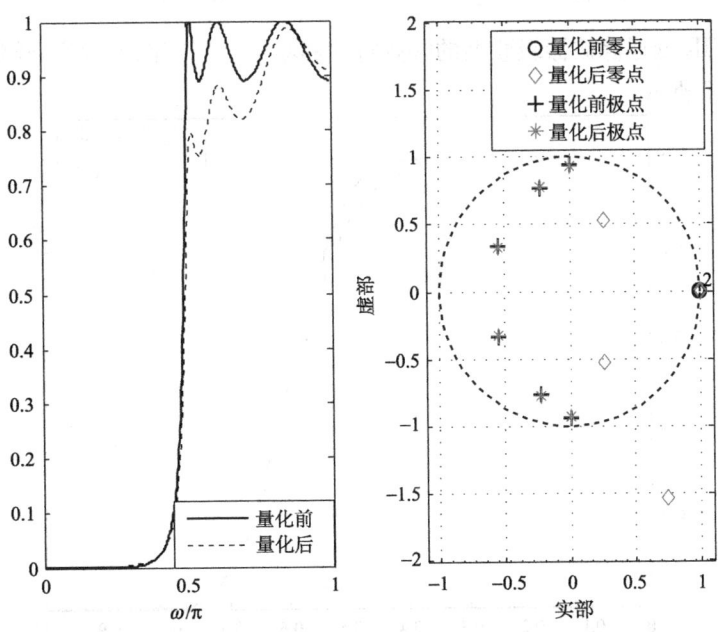

图 28.6 高通滤波器直接型量化前后的幅频特性和零极点变化

```
% 直接型高通滤波器的设计
[b,a] = cheby1(6,1,0.5,'high','z');[h,w] = freqz(b,a,512);
g = abs(h);bq = srlh(b,6);aq = srlh(a,6);
[hq,w] = freqz(bq,aq,512);gq = abs(hq);
subplot(1,2,1);plot(w/pi,g,'b',w/pi,gq,'r:');grid;
xlabel('\ommiga/pi');legend('量化前','量化后');
subplot(1,2,2);[z1,p1,k1] = tf2zp(b,a);[z2,p2,k2] = tf2zp(bq,aq);
zplaneplot([z1,z2],[p1,p2],{'o','+','d','*'});
xlabel('实部');ylabel('虚部');
legend('量化前零点','量化后零点','量化前极点','量化后极点');
```

3) 设计 FIR 数字低通滤波器直接型和级联型,滤波器截止频率为 0.6π,阶数为 20。滤波器系数量化效应(字长为 5 位)。在绘图窗口,绘制量化前后的幅频特性变化和零点位置变化(量化用截尾法)。

为了实现 FIR 滤波器系数量化,利用以下函数 jwlh(d,b)实现二进制 b 位截尾法量化功能。

```
function ses = jwlh(d,b)
m = 1;d1 = abs(d);    %将十进制截尾到b位二进制,然后再转换为十进制
while fix(d1)>0
d1 = abs(d)/(2^m);m = m + 1;
end
ses = fix(d1 * 2^b);ses = sign(d).* ses.* 2^(m-b-1);
```

以下是 FIR 低通滤波器级联型的幅频特性和零极点分布图的程序,绘制的波形和分布图如图 28.7 所示。

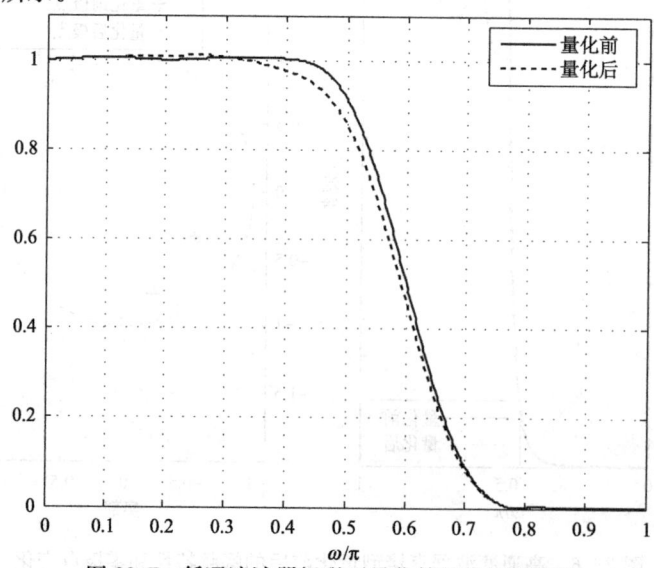

图 28.7 低通滤波器级联型量化前后的幅频特性

%设计级联型FIR低通滤波器
```
N = 20;b = fir1(N-1,0.6);a = [1];[h,w] = freqz(b,1,512);g = abs(h);
[sos,gg] = tf2sos(b,a);sosq = jwlh(sos,5);    %截尾量化
[bq,aq] = sos2tf(sosq,gg);[hq,w] = freqz(bq,1,512);gq = abs(hq);
plot(w/pi,g,'b',w/pi,gq,'r:');grid;axis([0,1,0,1.1]);
xlabel('\ommiga/pi');legend('量化前',' 量化后');
```

上述实验采用舍入量化法,并且FIR滤波器用20阶进行编程实现。

28.4 实 验 要 求

编写实验内容尚未完成部分的Matlab程序,程序中所用变量和函数需加适当注释,绘出相应滤波器系数量化前后的频响特性以及零极点分布图。

28.5 思 考 题

1) 系数量化除了对滤波器性能有较大的影响,还会对哪些情况产生影响?

2) 在IIR滤波器的结构中,除了已经介绍的结构外,还有哪些尚未介绍的结构? 这些结构有什么特征?

3) 在FIR滤波器的结构中,除了已经介绍的结构外,还有哪些尚未介绍的结构? 这些结构有什么特征?

4) 数字信号处理的精度除了受系数量化的影响外,还存在运算过程中有限字长的影响,请总结有限字长效应对信号处理的影响以及如何评估。

附　录

泉州

附录 A 实验仪器使用说明

A.1 选频电平表的使用

1. HX-D21 型选频电平表的使用方法

选频电平表的操作面板如图 A.1 所示。

图 A.1 选频电平表操作面板

(1) 按"校/测"键至液晶屏右下方显示"测量"。
(2) 按"工作方式"键至液晶屏最下行显示"低噪声测量"或"低失真测量"方式。
(3) 按动"阻抗"键至液晶屏第三行显示"阻抗同轴∞"。
(4) 按动"Δf"键至液晶屏左上显示一个"▲"。
(5) 按"设置",再按"200Hz",然后将频率调谐旋钮慢慢向右转动使频率从 200Hz 向高处变化,注意观察液晶屏第二行的电平变化。当液晶屏第二行的电平出现一最大值时停止转动频率调谐旋钮,此时显示的频率和电平值即为被测信号的谐波频率及大小,记下此频率及电平的大小,然后继续转动频率调谐旋钮,使频率往高处变化,依次找出其他频率分量。

2. YX5014 型选频电平表的使用方法

(1) 打开电源开关,先进行预热。
(2) 将左上方的拨动开关打到"选频"位置。
(3) 将阻抗开关旋至"∞"。

(4) 将表头左边的量程开关打至"▲",旋转表头下面的"选调"旋钮,使表头上指针指向"0"dB(调零)。

(5) 旋转右下角的手轮至最左(频率为 200Hz),然后慢慢向右转动,当指针指向某一数值时,将手轮慢慢左右转动,直到指针读数为相对最大值时停止转动手轮;此时手轮上方显示的频率即是被测信号的谐波频率,指针指示的读数加上表头左边的量程对应的刻度则是谐波频率的大小,记下此频率、指针的读数和量程刻度。

(6) 继续将手轮从此频率往后转动,依次测出其他谐波分量。

A.2　函数发生器的使用

HY6811 信号发生器具有两路信号输出、任意脉冲输出以及频率测量功能,输出信号有四种波形可供选择,分别是正弦波、三角波、锯齿波和方波,根据实际需要输出波形具有高、低阻抗切换功能。输出信号具体参数如表 A.1 所示。

表 A.1　输出信号具体参数

通道	波形	频率范围	峰值范围
	正弦波	0.1Hz～10MHz	27.9mV～10V
	三角波	0.1Hz～10kHz	28.3mV～10V
	锯齿波	0.1Hz～10kHz	28.3mV～10V
	方波	0.1Hz～10MHz	
通道	电平格式	周期范围	脉宽范围
任意脉冲	TTL	20ns～10ms	20ns～10ms
通道	电平格式	输入频率范围	
频率计	TTL	10Hz～50MHz	

信号发生器操作面板如图 A.2 所示,其具体操作如下。

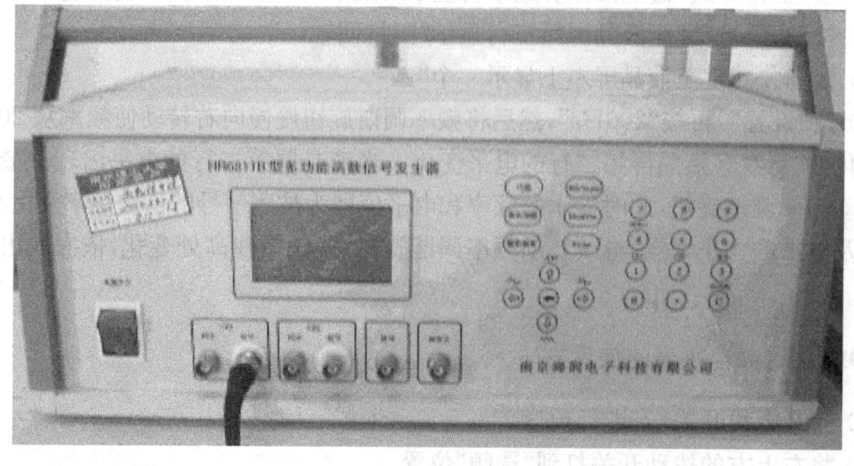

图 A.2　信号发生器操作面板

开机后,屏幕显示产品信息。

三秒钟后,屏幕显示 CH1 和 CH2 的默认参数如下,并输出相应的波形。

$$F1:1.000000MHz \quad S$$
$$AMP1:1.00Vpp \quad H$$
$$F2:3.000000MHz \quad S$$
$$AMP2:1.00Vpp \quad H$$

1) 函数发生器操作

(1) 按"功能"键,随后按 1 或 2,进行通道选择,屏幕显示当前通道参数。

(2) 按"功能"键,按 "⇨、⇦、⇩、⇧"选择波形,屏幕分别对应显示 S(正弦波)、P(方波)、R(锯齿波)、T(三角波)。

(3) 按"频率/周期"键,显示"F1:"或"F2:",按数字键和单位键(MHz、kHz、Hz)可进行频率数值输入。

(4) 按"幅度/脉宽"键,显示"AMP1:"或 AMP2:",按数字键和单位键(Vpp、mV)可进行幅度数值输入。

(5) 按"←"键,数据有效,通道输出相应参数的波。

2) 任意脉冲输出操作

(1) 按"功能"键,按 3 键,进入任意脉冲输出模式,屏幕显示"PULSH OUT"。

(2) 按"频率/周期"键,显示"PP:",按数字键和单位键(ns、us、ms)可进行周期数值输入。

(3) 按"幅度/脉宽"键,显示"PW:",按数字键和单位键(ns、us、ms)可进行脉宽数值输入。

(4) 按"←"键,数据有效,通道输出相应参数的波形。

3) 频率计操作

(1) 按"功能"键,按 4 键,进入频率计工作模式,屏幕显示"FREQ MEAS"。

(2) 屏幕实时显示输入信号的频率。

注:在以上输入过程中,按"C"键清除刚输入的数字或单位。当按"←"键,数字有效后按"⇨、⇦、⇩、⇧"行参数局部调整模式,光标随着方向键移动,并在该位反色显示字符,按数字键或单位键可修改当前光标指示字符;在局部调整模式中,按功能键,再按"C"键,可切换 CH1 或 CH2 的输出阻抗。修改结束后按"←"键,数据有效,通道输出相应参数的波形。

在数据输入过程中,若输入参数超过范围,则当前输入无效,屏幕显示"-",相应通道无波形输出。

附录 B Matlab 软件简介

B.1 Matlab 简介

Matlab 是 Matrix Laboratory(矩阵实验室)的简称,它是美国 MathWorks 公司出品的商业数学软件,主要包括 Matlab 和 Simulink 两大部分。Matlab 软件将数值分析、矩阵计算、科学数据可视化以及非线性动态系统的建模和仿真等诸多强大功能集成在一个易于使用的视窗环境中,为科学研究、工程设计和必须进行有效数值计算的诸多科学领域提供了一种全面的解决方案,并在很大程度上摆脱了传统非交互式程序设计语言的编辑模式,代表了当今国际科学计算软件的先进水平。

Matlab 的应用范围非常广,包括数字信号处理,数字图像处理,通信,控制系统设计、测试和测量,财务建模和分析以及计算生物学等诸多应用领域。附加的工具箱扩展了 Matlab 环境,以解决这些应用领域内特定类型的问题。目前,Matlab 已经开发了二十多个专业工具箱,广泛应用于工程技术的许多领域,其中,Communication Toolbox(通信工具箱)、Control System Toolbox(控制系统工具箱)、Image Processing Toolbox(图像处理工具箱)、Signal Processing Toolbox(信号处理工具箱)、DSP System Toolbox(DSP 系统工具箱)等在通信与电子信息处理领域同样得到很好的应用。

Matlab 软件拥有强大的功能,对其熟练运用已成为工程技术人员必不可少的技能。Matlab 软件的分析和仿真功能为设计和分析系统结构、信号频谱、参数优化、系统仿真和性能测试等提供了有力的技术支持。本书中信号处理软件实验部分正是为了使学生掌握 Matlab 软件的应用,并配合"信号与系统"和"数字信号处理"两门课程而编写的。希望学生通过该部分的学习和实验,既掌握 Matlab 软件编程的有关知识,又能理解相关课程有关章节的主要内容。

Matlab 软件经过二十多年的发展,截至 2011 年 4 月已经升级到 7.12 版。随着版本的更新,该软件功能也不断扩展。对于第一次接触 Matlab 软件的学生,我们建议首先学习附录 B 中 Matlab 软件的基本操作和基本命令,从而对 Matlab 软件有一个初步的了解,再通过本书有关实验不断提高,从而初步掌握该软件的编程技能。

B.2 Matlab 的一些基本操作

1. 矩阵的输入

矩阵可以用几种不同的方法输入到 Matlab 语言中:
(1) 以直接列出元素的形式输入;
(2) 通过语句和函数产生;
(3) 建立在 M 文件中;

(4) 从外部的数据文件中装入。

在 Matlab 语言中不必描述矩阵的维数和类型,它们是由输入的格式和内容来确定的。输入小矩阵最简单的方法是使用直接排列的形式,把矩阵的元素直接排列到方括号中,每行内的元素用空格或逗号分开,行与行的内容用分号隔开。例如输入:

$$A = [1 \ 2 \ 3;4 \ 5 \ 6;7 \ 8 \ 9]$$

或 A = [1,2,3;4,5,6;7,8,9]

或 A = [1 ,2, 3
   4 ,5, 6
   7 ,8 ,9]

2. 矩阵的运算

如果一个矩阵 A 有 n 行、m 列元素,则称 A 为 $n \times m$ 矩阵,如果 $n = m$,则称矩阵 A 为方阵。Matlab 定义了下面各种矩阵的基本运算。

1) 矩阵转置

用符号"'"来表示矩阵的转置。如输入:

x = [-1 1 2]'

则输出为

x =
   -1
    1
    2

2) 矩阵加、减

矩阵的加、减由符号"+"、"-"表示,它有两种格式:

(1) 两种矩阵进行加、减运算,其对应的元素进行加、减,得到一新矩阵;

(2) 矩阵与标量进行加、减运算,则矩阵中每个元素都与标量进行加、减运算。

3) 矩阵乘法,以符号"*"表示

(1) 两矩阵相乘;

(2) 矩阵与标量相乘。

4) 矩阵的求逆

以"inv"来表示,如 inv(A) 表示 A 的逆。

5) 矩阵的乘方,以符号"^"表示

a^p 表示 a 的 p 次方,即 a 自乘 p 次。

Matlab 中定义了一种特殊的运算,即所谓的点运算。两个矩阵之间的点运算是该矩阵对应元素的直接运算。注意:点乘积运算要求参与运算的两个矩阵维数相同,其具体操作如下所示。

6) 乘除运算

在 Matlab 中,符号". *"表示数组乘法运算,相乘的数组要有相同的维数,而符号". /"表示数组除法运算,且为对应元素进行乘除。

7) 乘方运算,以符号".^"表示

(1) 当 x、y 均为向量时,$z=x.\hat{\ }y$ 表示对应元素的乘方。

(2) 当 x 为向量,y 为标量时,$z=x.\hat{\ }y$ 表示 $z(i)=x(i)^y$。

(3) 当 x 为标量,y 为向量时,$z=x.\hat{\ }y$ 表示 $z(i)=x(i)^{y(i)}$。

该运算也可用于任意维矩阵。

8) 关系运算

Matlab 的关系运算共有六种关系,如表 B.1 所示。

表 B.1 关系运算的六种关系

<	>	==	<=	>=	~=
小于	大于	等于	小于等于	大于等于	不等于

使用关系运算符时需注意,两个运算元必须是相同维数,运算之后返回 1 或 0。

9) 逻辑运算

Matlab 的逻辑运算共有六种关系,如表 B.2 所示。

表 B.2 逻辑运算的六种关系

&	|	~	xor	any	all
逻辑与	逻辑或	逻辑非	逻辑异或	存在非零	所有非零

使用逻辑运算符时需注意,两个运算元必须是相同维数,并对两个运算元中对应位置的元素进行逻辑运算。因为逻辑运算只能是 1 或 0,因此,指定数为零时,Matlab 语言认为 0;指定数非零时,Matlab 语言认为 1。

3. 变量

Matlab 语言程序中,不需要对变量进行事先声明和定义类型。在默认情况下,Matlab 语言的变量均为局部变量;若需要全局变量,在该变量的前面添加关键字 global 即可。通常全局变量用大写字母书写。

Matlab 语言的变量命名规则如下:

(1) 变量名以字母开头,长度不超过 31 个;

(2) 变量名只能由字母、下划线和数字混合而成,区分大、小写。

Matlab 语言的常用常量如下:

(1) 复数序列用"i"或"j"表示,sqrt(−1),即 $\sqrt{-1}$;

(2) pi 表示圆周率;

(3) inf 表示无穷大。

4. 流程控制

Matlab 语言中有四种流程控制方式。

1) if 语句

由关键字 if、else、elseif 和 end 构成,根据逻辑条件执行一系列运算。

2) switch 语句

由关键字 switch、case、otherwise 和 end 构成,根据逻辑条件开关值选择执行的项目。

3) while 语句

由关键字 while 和 end 构成,根据逻辑条件来决定执行的次数。

4) for 语句

由关键字 for 和 end 构成,执行指定次数的循环。

5. M 文件

Matlab 的源程序都是以后缀为 .m 的文件来存放的,这种 .m 文件其实就是一个纯文本文件,它可以用 Matlab 语言自带的编辑器编辑,也可以用其他纯文本编辑器编辑。

M 文件有两种类型,其一称为脚本(Script),就像批处理文件一样,包含一系列 Matlab 命令,执行时依序执行;其二称为函数(Function),它能接收输入的变量,然后执行并输出结果。

6. 帮助语句

帮助命令很有用,它为用户提供一切联机帮助信息。在命令窗口中直接键入"help plot"可以得到 plot 函数使用说明和其他类似命令。

B.3 Matlab 的常用命令函数

!	执行操作系统命令
abs	绝对值函数
angle	相角函数
atan	反正切
axis	坐标轴标度设定
bilinear	双线性变换
blackman	布莱克曼窗函数
boxcar	矩形窗函数
buttap	设计模拟巴特沃思滤波器
butter	直接设计模拟或数字巴特沃思滤波器
buttord	巴特沃思滤波器的最小阶数
cheby1	直接设计模拟或数字切比雪夫I型滤波器

cheby2	直接设计模拟或数字切比雪夫Ⅱ型滤波器
cheb1ord	切比雪夫Ⅰ型滤波器的最小阶数
cheby1ap	设计模拟切比雪夫Ⅰ型滤波器
cheby2ap	设计模拟切比雪夫Ⅱ型滤波器
cheb2ord	切比雪夫Ⅱ型滤波器的最小阶数
cla	清除当前坐标轴
clc	清除命令窗口显示
clf	清除当前图形窗口
close	关闭图形窗口
cos	余弦函数
conv	两个多项式相乘
delete	删除文件
demo	运行 Matlab 演示程序
diff	差分函数和近似微分
disp	显示文本矩阵
ellip	直接设计模拟或数字椭圆滤波器
ellipap	设计模拟椭圆滤波器
ellipord	椭圆滤波器的最小阶数
exp	指数函数
ezplot	绘制符合函数二维图形
fft	计算离散傅里叶变换系数
fftn	计算 N 维离散傅里叶变换系数
fftshift	取消谱中心零位
fir1	用窗函数设计 FIR 滤波器
fir2	用窗函数设计任意幅度响应的 FIR 滤波器
fiter	一维数字滤波器
fix	朝零方向去整
fliplr	将矩阵进行左、右方向翻转
fourier	求傅里叶变换
freqs	计算模拟系统的复频率响应
freqz	计算数字系统的复频率响应
function	Matlab 函数表达式的引导符
get	获取对象属性
grid	给图形加网格线
gtext	在鼠标指定的位置加文字说明
hamming	汉明窗函数
hanning	汉宁窗函数
hold	当前图形保护模式

ifft	计算离散傅里叶反变换系数
ifftn	计算 N 维离散傅里叶反变换系数
ifftshift	取消序列中心零位
ifourier	计算傅里叶反变换系数
ilaplace	计算拉普拉斯反变换系数
imag	求取虚部函数
impinvar	脉冲响应不变法
impulse	线性时不变连续系统的脉冲响应
impz	线性时不变离散系统的脉冲响应
inline	构建 inline 中的函数
iztrans	计算 z 反变换系数
kaiser	凯泽窗函数
kaiserord	确定凯泽窗函数的阶数和参数
laplace	求拉普拉斯变换
length	查询向量的维数
legend	图形图例
lp2bp	模拟低通到模拟带通的转换
lp2bs	模拟低通到模拟带阻的转换
lp2hp	模拟低通到模拟高通的转换
lp2lp	模拟低通到模拟低通的转换
lsim	任意输入下的线性时不变连续系统的响应
mesh	三维网格曲面
meshgrid	二维图形的 X 和 Y 数组
ones	产生所有元素为 1 的矩阵
plot	线性坐标图形绘制
pulstran	脉冲串产生函数
pzmap	绘制系统零极点图
quad	平方函数
quit	退出 Matlab 环境
real	求取实部函数
rectpuls	产生矩形脉冲
residuez	变系统函数为并联型
roots	确定多项式的根
set	设置对象属性
sign	符号函数
simple	分式简化
sin	正弦函数
sinc	抽样函数

square	产生方波函数
ss	变为状态空间模型
sqrt	平方根函数
stem	函数序列柄状图形绘制
step	线性时不变连续系统的阶跃响应
subplot	将图形窗口分成若干个区域
subs	符号替换
sum	确定一个向量所有元素之和
surf	三维曲面阴影图
sym	定义符号变量
syms	定义符号函数
text	在图形上加文字说明
tf	变成系统函数
tf2sos	变系统函数为二次分次形式
tf2zp	确定给定系统的零极点和增益
title	给图形加标题
triang	三角窗函数
xlabel	给图形加 x 坐标说明
ylabel	给图形加 y 坐标说明
zeros	产生所有元素为 0 的矩阵
zplane	在 z 平面中显示极点和零点

附录 C DSP 开发实验预备知识

C.1 CCS 介绍

C.1.1 CCS 功能

CCS 是 TI 公司推出的功能强大的软件开发环境,现在该集成软件环境可以用于 TI 各系列 DSP 系统的软件程序开发。CCS 主要具有以下特性和功能:

(1) 集成可视化代码编辑界面,可以直接编写 C/C++、汇编、头文件和 CMD 文件等。

(2) 集成代码生成工具,包括汇编器、C 编译器、C++ 编译器和链接器等。

(3) 集成基本调试工具,可以完成执行代码的装入、寄存器和存储器的查看、反汇编器、变量窗口的显示等功能,同时还支持 C 源代码级的调试。

(4) 支持多 DSP 的调试。

(5) 集成断点工具,包括设置硬件断点、数据空间读/写断点、条件断点等。

(6) 集成探针工具(Probe Points),可用于算法仿真、数据监视等用途。

(7) 提供代码分析工具(Profile Points),可用于计算某段代码执行时消耗的时钟数,从而能够对代码的执行效率作出评估。

(8) 提供数据的图形显示工具,可绘制时域/频域波形等图像。

(9) 支持通过 GEL(通用扩展语言)来扩展 CCS 的功能,可以实现用户自定义的控制面板/菜单、自动修改变量或配置参数等功能。

(10) 支持 RTDX(实时数据交换)技术,可在不中断目标系统运行的情况下,实现 DSP 与其他应用程序(OLE)间的数据交换。

(11) 提供开放式的 plug-ins 技术,支持其他第三方的 ActiveX 插件,支持包括软件仿真在内的各种仿真器(需要安装相应的驱动程序)。

(12) 提供 DSP/BIOS 工具,增强了对代码的实时分析能力,如分析代码的执行效率、调度程序执行的优先级,方便了对系统资源的管理或使用(代码/数据空间的分配、中断服务程序的调用、定时器的使用等),减小了开发人员对 DSP 硬件知识的依赖程度,从而缩短了软件系统的开发进程。

C.1.2 CCS 界面

CCS 的主界面如图 C.1 所示。

工程管理器主要用于统一管理工程中所包含的文件,在工程管理器窗口中,可以添加、删除、激活和编辑工程中的源文件,同时也可以对编译器、汇编器和链接器的参数进行

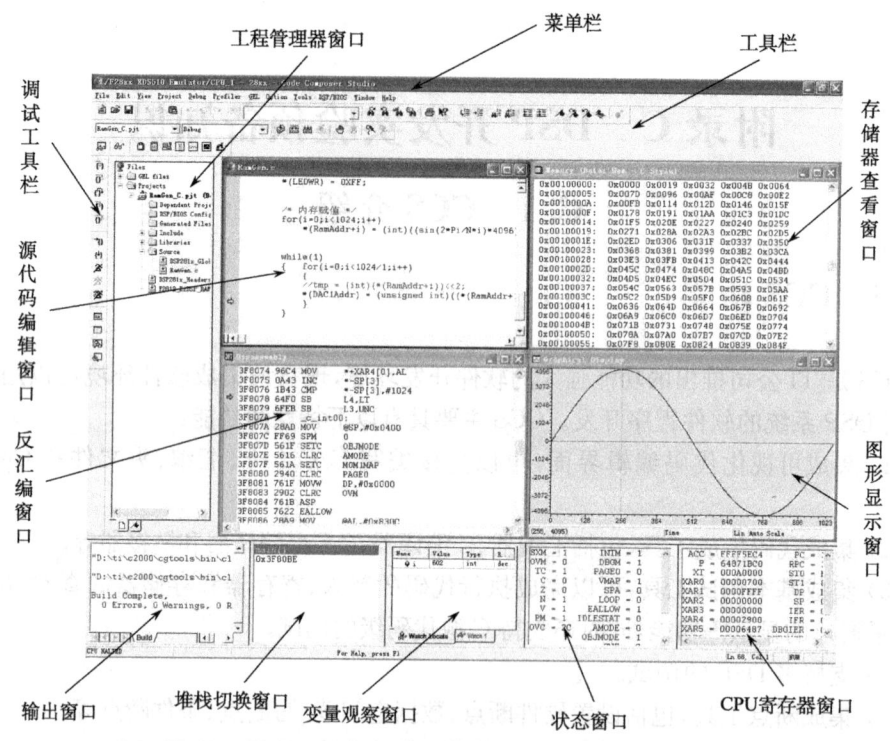

图 C.1　CCS 界面主要组成窗口

设置。工程管理器可以同时打开多个工程,但是,当前只能有一个工程是有效的。

调试工具栏集成了程序员调试 DSP 软件时最常用的调试命令。

输出窗口可以用来输出或者显示编译/汇编/链接过程中的各种信息、输出 C 语言标准输出函数的运行结果以及调试过程中出现的错误信息(例如断点设置错误等)。

变量观察窗口可以观察程序中变量的地址或者数值,其中 Watch Locals 标签页窗口中会自动显示当前堆栈帧中的所有局部变量。程序员也可以在这个窗口或者其他 Watch 窗口中添加其他需要观察的变量,同时,还能根据需要设置其显示的数据格式。

堆栈切换窗口主要用于各个堆栈帧之间的切换,因为当前局部变量的访问涉及当前堆栈帧在堆栈中的位置时,或当调试运行到任意一个被调函数中时,由于其调用函数中的局部变量不在当前堆栈帧中,如果想访问它就必须要进行堆栈切换。这个窗口能显示系统堆栈中的各级堆栈帧,只要点击对应的函数名,就能访问到对应函数中的局部变量。

CPU 寄存器窗口显示当前 CPU 寄存器中的值,同时也可以对其进行修改。

CCS 工作区中,主要有以下四类窗口。

(1) 源代码编辑窗口:可以打开、编辑 C++、C 或者汇编等源代码文件。

(2) 反汇编窗口:通过仿真器从目标系统中读取二进制程序代码,将其反汇编为汇编指令后显示出来,同时还显示各种符号信息(如函数名)以及对应的地址和指令的二进制目标代码。

(3) 存储器查看窗口:通过指定存储器的起始地址和数据格式,可以读取目标系统存储器中连续区域的数据并显示,同时也可以对其进行修改。

(4) 图形显示窗口:根据某段连续存储器中的数据显示特定的图形。具体来说可以显示时/频域波形、眼图等形式的图形,其中,时/频域波形的显示在调试信号处理算法的过程中是一个非常有效的工具,不管对于时域的采集信号还是最后计算得到的功率谱,通过这个窗口中的显示波形都能确定其结果是否正确。

C.1.3 CCS 开发流程

本节介绍基于 TMS320F281x DSP 系统软件程序开发的总体步骤,并对其中比较重要和常用的工具进行介绍。图 C.2 是开发 DSP 程序的整体流程,它可以帮助程序开发人员更好地理解如何使用 CCS 集成开发环境的各功能部件。

由于 CCS 集成开发环境在代码生成工具的基础上,扩展了一系列调试和实时分析功能,因此它能够用于 DSP 系统软件开发的各个阶段。

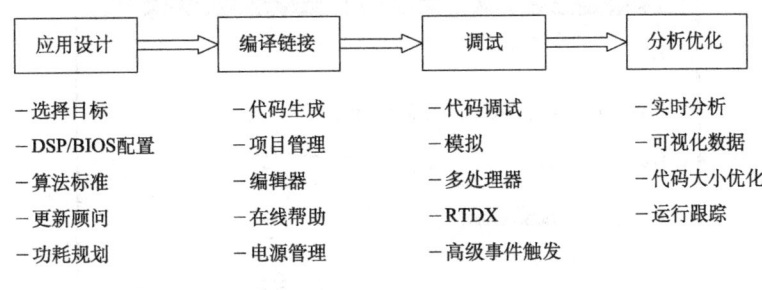

图 C.2　CCS 基本开发流程

一般来说,安装好 CCS 后,首先要正确地对 CCS 进行设置(安装仿真器驱动进行 emulate 或安装虚拟驱动进行 simulate),然后对源程序文件进行规划,建立汇编源代码文件、C 或者 C++源代码文件和配置命令文件(.cmd),把这些文件和必要的库文件(主要针对包含 C 或者 C++源代码文件的工程)都添加到新建的工程中。若采用 DSP/BIOS 工具来开发程序,还需要添加 DSP/BIOS 的 CDB 文件。接下来对此工程的各种汇编、编译和链接选项进行设置,再通过"Build"命令来完成整个工程的编译和链接。如果编译和链接时没有出现错误,就能生成一个输出文件(.out),最后用 File 菜单下的"Load Program"命令将其加载到 DSP 系统的程序存储器(RAM)中,之后就可以开始对 DSP 软件程序进行在线调试,确保软件算法稳定、可靠地实现目标系统的各种功能。另外 CCS 还可以通过强大的分析工具,对代码的执行情况进行统计和分析,并将其作为进一步优化的依据,从而提高代码的执行效率。调试出稳定、可靠、高效的软件程序后,我们就能将程序烧写到 DSP 芯片内部的 Flash 里(如 TMS320F2812),使 DSP 系统能够脱开仿真器独立工作,从而完成 DSP 系统样机的研制。

接下来将以 CCS(C2000)Version 2.20 为例,一步一步具体演示如何在 CCS 集成开发环境中通过工程来开发 DSP 软件。

1. 目标代码生成

在完成 CCS 设置的基础上,就可以连接目标系统、仿真器和 PC 机。当用 Emulate 仿真方式时,必须首先为仿真器和目标系统上电,然后打开 CCS2(C2000)程序,如果 CCS 设置正确,同时目标系统、仿真器和 PC 机间的连接无误,CCS 就能正常启动(启动过程不出现任何错误提示窗口,并在 CCS 窗口的标题栏显示"/F28xx XDS510 Emulator/ CPU_1-28xx-Code Composer Studio")。接下来就能进行具体的软件开发,其一般步骤如下:

(1) 选择 Project→New 命令,弹出如图 C.3 所示的创建工程对话框,填入工程名并为其选择工作目录;在 Project Type 中选择工程最终的输出形式(.out 或者 .lib),在 Target 中选择目标芯片的类型(这里须选择 TMS320C28xx)。这一过程和目前大多数软件开发环境类似,唯一的区别是必须要指定正确的目标芯片,给定工程的名字后,CCS 会在指定的目录下自动产生一个和工程名相同的子目录。一般情况下,我们将工程中所需要的文件都存放在该目录下,以便项目管理。

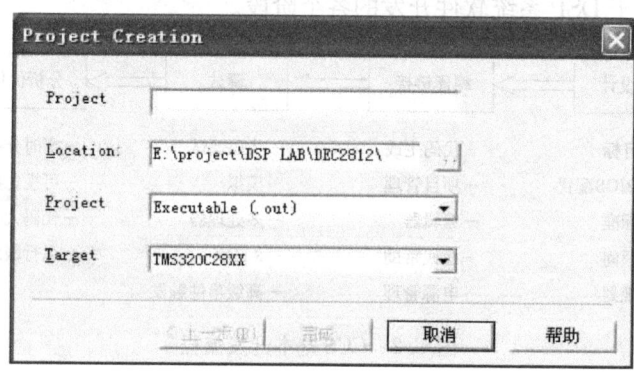

图 C.3 创建工程对话框

(2) 选择 File→New→Source File,在打开的文本编辑器中输入源代码,然后选择 File→Save as,在出现的文件对话框中输入文件名,并为其选择路径(一般就在对应的工程目录下)。

(3) 将源代码文件包含到工程中。选择 Project→Add Files to Project,在出现的对话框中选择要包含的源代码文件,然后通过 Project→Compile File 命令就能对当前文本编辑窗口中的源文件进行编译,根据输出窗口的错误提示对源代码进行修改。除了源代码文件外,一个完整的工程还可能需要包括其他源文件(如库文件、配置命令文件等)才能生成最终的输出文件。例如,如果工程中存在 C 语言源代码文件,则还要添加 C 实时运行库。库文件可以通过以下两种方式添加:① 利用 Project→Add files to project 命令添加;② 选择 Project→Build Options,在其打开对话框中 Linker 标签页下的 Library Search Path 和 Include Libraries 框中分别输入库文件的路径和名称。

(4) 添加 C 实时运行库的同时还要将 Build Options 中 Linker 标签页下的 Autoinit Model 设置成 Run-time Autoinitialization(-c)。

(5) 用同样的方式新建链接器命令文件(.cmd)，用 Project→Add files to project 命令添加配置命令文件(.cmd)文件。

(6) 选择 Project→Build 对整个工程进行编译、汇编和链接。

完成上述各步后，CCS 就能生成一个和工程相对应的 .out 文件(在工程目录的 Debug 中)，通过 File→Load Program 命令将此 .out 文件加载到目标系统中。

2. 目标代码调试

下面以 CCS 安装目录下的教学程序(…\TI\tutorial\dsk2812\volume1)为例来简单介绍一下软件的调试过程。这个工程包含三个源代码文件：两个汇编源代码文件、一个 C 源代码文件(主程序所在文件)。其中，vectors.asm 用于存放中断向量表，这里只有一个复位中断向量，因为没有定义其他中断服务函数。Load.asm 中的代码是一个可以在 C 语言中调用的汇编函数。主程序的作用非常简单，即将输入缓冲单元中的数据乘上一个增益后，放到输出缓冲单元中。由于 volume1.pjt 已经存在，可以直接用 Build 命令对整个工程进行编译、汇编和链接，生成 volume1.out；也可以将 volume1.pjt 删除，用上面介绍的代码生成流程，重新建立这个工程文件，最后将工程 volume1 生成的 volume1.out 目标代码文件加载到目标系统中，接下来就能利用 CCS 提供的各种调试手段对其进行调试。

1) 调试过程中常用工具命令

在图 C.1 的调试工具栏中，一些常用的调试命令介绍如下。

(1) Source-Single Step：用于 C 源程序里的单步，遇到函数调用会跳到函数中继续单步执行。

(2) Source-Step Over：用于 C 源程序里的单步，但遇到函数调用时不会跳转到函数中执行，而是把整条函数当成一个单步来执行。

(3) Step Out：当程序执行到被调函数中时(无论是在汇编语言或者 C 语言程序里)，如果使用该命令，则程序将执行到该函数返回处才停止。

(4) Assembly-Single Step：用于汇编程序里的单步，遇到函数调用会跳到函数中继续单步执行。

(5) Assembly-Step Over：用于汇编程序里的单步，但遇到函数调用时不会跳转到函数中执行，而是把整条函数当成一个单步来执行。

(6) Run：运行程序，遇到断点则停止运行，直至再次触发运行命令才恢复程序的运行。

(7) Halt：停止程序的运行。

(8) Animate：运行程序，遇到断点后，CCS 先暂停程序的运行，对打开的变量、寄存器、存储器、图像显示等窗口中的数据进行更新；然后，自动恢复程序运行，这样在图像显示窗口中就可以观察到动画效果。

(9) Toggle breakpoint：在源代码编辑窗口中光标所在的行设置断点，如果该行已经存在断点,则取消该断点。

　　(10) ✋ Remove all breakpoints:取消工程中所有已设置的断点。

　　(11) 🐾 Toggle Probe Point:在源代码编辑窗口中光标所在的行设置探针点,如果该行已经存在探针点,则取消该探针点。

　　(12) 🐾 Remove all Probe Points:取消工程中所有已设置的探针点。

　　在调试过程中,可以查看 DSP 相关寄存器和存储器内的数值。一些常用的查看指令介绍如下。

　　(1) ▦ Registers Window:用于打开 CPU 寄存器窗口,查看各项数值并可以修改。

　　(2) ▤ Memory Window:用于打开存储器查看窗口,包括 DSP 内部以及外部存储器中地址单元的数值;若该单元可写,则支持数据的修改。

　　(3) 🗇 View Stack:用于各个堆栈帧之间的快速切换,查看各帧中局部变量数值。

　　(4) 🗔 View Disassembly:用于查看二进制程序代码所对应的汇编指令,同时还显示各种符号信息及其对应的二进制地址。

　　(5) 🔍 Watch Window:用于打开变量观察窗口,观察程序中变量的地址和数值。

　　(6) 👓 Quick Watch:快速打开变量观察窗口。

　　以上这些快捷方式,在菜单中都可以找到相应的命令。

　　当把程序加载到 DSP 程序空间以后,首先,可以用 Debug→Go main 命令将程序运行到 main 源代码处(实际系统在执行源代码里的 main 函数前,要先调用一个 C 初始化函数,即_c_int00,从而完成全局变量的初始化、设置堆栈指针等工作,在这个初始化函数的最后才调用 main 函数。这段初始化代码保存在运行支持库函数中,工程在链接阶段会把它加到 .out 文件,其实现的源代码可以在库文件所在路径下的 rts.src 文件中找到。当把 .out 文件加载到目标系统中或者执行 Restart 命令后,反汇编窗口中会显示当前的程序指针处于_c_int00 函数的入口处,而不是 main 函数的入口处),如图 C.4 所示,其中图上方窗口中的箭头代表当前 PC(程序指针)在对应源代码文件中的位置,而反汇编窗口(图下方窗口)中箭头处则是当前 PC 所指向的存储器地址、机器码数据以及其对应的汇编指令,也就是 DSP 下一步要执行的机器指令。

　　2) 断点的使用

　　可以通过调试工具栏中的 Toggle Breakpoint 图标或者右键菜单中的 Toggle breakpoint 命令来设置断点,同时用 Debug 菜单下的 BreakPoints 命令能将该断点配置成一般断点、条件断点(特定的表达式为真时才停止程序的运行)或者硬件断点。设置好断点运行程序(Run),当程序执行到断点处时会停止运行直至下一个运行命令被触发;在程序停止运行期间,CCS 还会对各种调试数据进行更新。在源文件任何有效语句处都可以设置断点,如果断点设置出错,例如将断点设到了无效行,CCS 会给出错误提示,并自动将断点转移到下一有效行处。

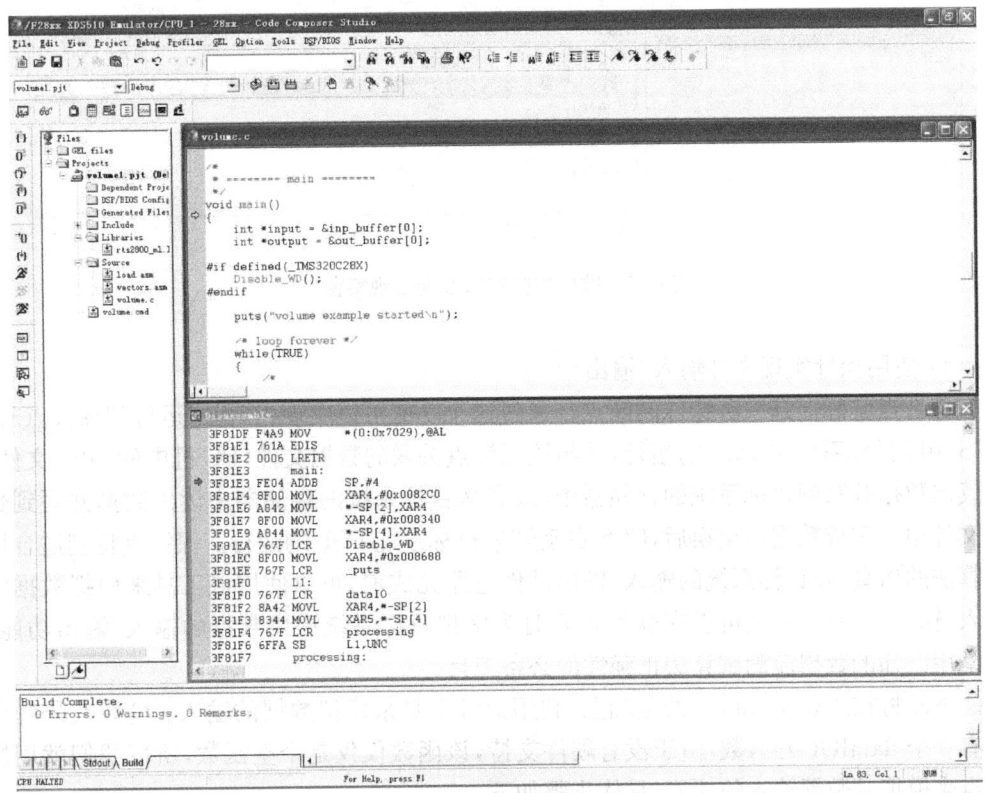

图 C.4　源代码编辑窗口和反汇编窗口

3) 观察窗口的使用

在 volume.c 中,选中任意一个变量,在右键菜单中选择 Quickwatch 或者 Add to watch Window,CCS 将打开 Quickwatch 窗口的 Watch1 子窗口并显示选中的变量。在观察窗口中变量名后面的 Value 一栏中可以直接修改被观察变量的取值,在 Radix 一栏中还能设定数据的显示格式(十六进制、八进制、十进制、二进制、浮点数、无符号整型等)。另外,Quickwatch 窗口的 Watch Locals 子窗口中会自动显示当前函数作用域中所有局部变量的值。

把全局变量 str 加到观察窗口中,执行程序后,点击变量左边的"+",观察窗口会将结构变量展开,同时显示结构变量中的每个成员的值,该显示方式同样适用于数组的显示。

把 main 函数中的局部变量 input 添加到观察窗口中,执行程序进入 dataIO 函数(通过断点或者单步都可以)。此时 input 变量超出了起作用范围(main 函数),所以变量 Value 一栏显示"identifier not found:input",但是可以利用 Stack Call 窗口来查看不同作用域中的变量,如图 C.5 所示。执行 View→Call Stack 打开堆栈切换窗口,双击窗口中的 main( )项,即可在观察窗口中查看 input 变量的当前值了。

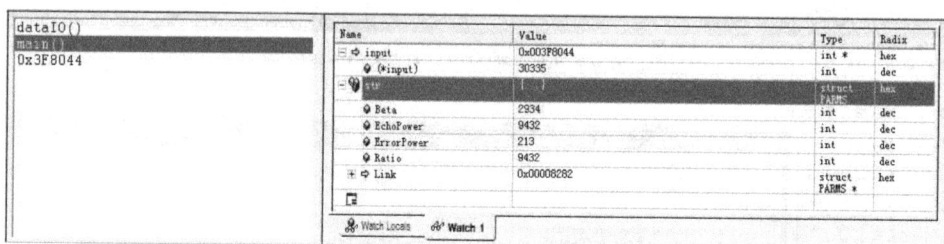

图 C.5 堆栈切换窗口及变量观察窗口

4) 使用探针实现文件输入/输出

探针点实际上是一种特殊的断点。通过这个功能可以实现：当程序运行到探针点时，CCS 中断目标系统中 DSP 的运行，从与该探针点关联的数据文件（PC 机中的.dat 文件）中读出数据并写到目标系统的存储器中，或者从目标系统的存储器中读出数据并写到数据文件中。完成数据的交换后，CCS 自动恢复目标系统 DSP 的运行。探针点特别适合用于算法的仿真，在目标系统的输入/输出硬件电路完成前，可以使用该工具来模拟数据的输入/输出。另外，它还可以在软件仿真时为虚拟目标系统提供数据的输入/输出功能。它是用已知的数据流测试算法正确性的必备工具。

下面将在工程 volume1 的基础上，利用探针工具来模拟数据的输入。C 源代码程序中有一个 dataIO( )函数，由于没有硬件支持，该函数仅仅是个空函数，所以我们就用探针点来模拟其数据输入的功能，具体步骤如下：

(1) 假设.out 文件已经加载，在光标移到 main( )函数中 dataIO( )函数的调用语句行时，用右键菜单或者工具栏上的 Toggle Probe Point 命令设置探针点，设置好后，该行语句前面会出现一个蓝色的菱形标识。

(2) 为探针点建立关联的数据文件。在 File 菜单中选择 File I/O，出现如图 C.6 所示的数据文件 I/O 设置对话框。用 Add File 按钮选择要关联的数据文件，这里可以选择 volume1 目录下的 sine.dat 文件；在 Address 文本框中输入相应的目标系统存储器的起始地址，如果此时已经加载了.out 文件，那么也可以直接输入符号来表示该地址，如_inp _buffer(C 源文件中变量 inp_buffer 在汇编文件中的引用形式)或 inp_buffer；在 Length 文本框中输入数据的长度(如 100)，设置好后运行程序，当程序运行到探针点处时，会从对应的数据文件中读取 100 个数据到 inp_buffer 缓冲区中。

(3) 在图 C.6 所示对话框中单击 Add Probe Point 按钮，弹出如图 C.7 所示的对话框，在对话框中可以实现探针点和特定 I/O 文件的关联。这个过程和断点的设置一样，先在已有探针点窗口中选定需要设置的探针点，接着选择探针点的类型(一般探针点、条件探针点或硬件探针点)。如果是条件探针点，还要输入代表条件的表达式，然后在 Connect 中选择刚才在 File I/O 中设置好的输入文件并单击 Replace，此后可以从探针点窗口观察到探针点属性的变化，确定后就完成了 I/O 文件的关联。

(4) 完成上述设置工作后，即可运行程序，当程序运行至 dataIO 处时，CCS 就会自动从 sine.dat 文件中读取 100 个数据并写入到 inp_buffer 数组中，从而实现输入功能的模拟。如果在数据文件 I/O 设置窗口中勾选了 Wrap Around 功能,则 CCS 会自动重复使用该文件中的数据。

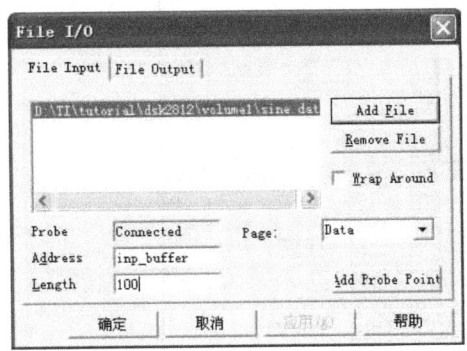

图 C.6 数据文件 I/O 设置对话框

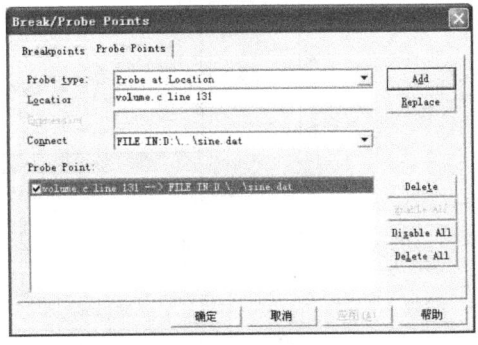

图 C.7 探针设置对话框

5) 图形功能的使用

上文已经利用探针工具和外部数据文件模拟实现了数据的输入,下面在此基础上将通过波形显示的方式来观察输入/输出的结果。

(1) 在 View 菜单项中选 Graph,然后选 Timer/Frequency,进入图形属性设置对话框,如图 C.8 所示。

(2) 在 Graph Title 中输入图形窗口的名称:input,在 Start Address 中输入数据(用于绘制图形)在存储器中的起始地址。如果此时已经加载 .out 文件,则可以直接输

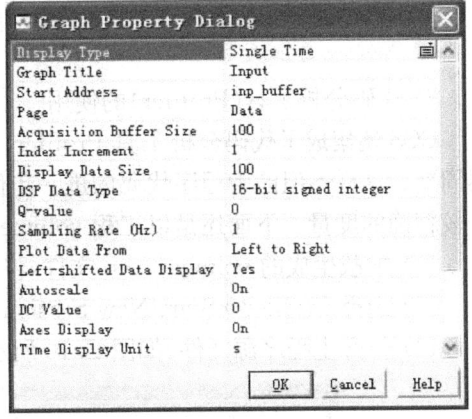

图 C.8 图形属性设置对话框

入变量符号 inp_buffer;在 Acquisition Buffer Size 和 Display Data Size 中输入要显示的数据长度 100,这里前者表示数据缓冲区的大小,后者表示用于绘制图形的实际数据大小;最后在 DSP Data Type 中选择相应的数据类型,此处我们选 16-bit signed integer;其他属性都取默认值,点击确认后自动打开图形显示窗口。重复上述过程,在 Graph Title 中输入 output,将起始地址改为 out_buffer,再打开一个图形显示窗口用来显示输出数据。

(3) 在主函数中的 dataIO( ) 函数调用语句处设置一个断点。

(4) 连续单击 Run 运行程序,程序每次都会在断点处停止,同时在图形显示窗口中显示输入信号的波形,这个信号就是从探针点输入的正弦波形数据,所以将看到一个正弦波。

(5) 使用 Animate 命令运行程序,会看到连续变化的输入/输出波形,如图 C.9 所示。另外,还可以通过图形属性设置对话框中的 Display Type 中选择显示的波形类型,如 FFT 幅值图、FFT 相位图等;通过 Autoscale 选项来开启或者关闭显示比例的自动调整功能,如果该功能被关闭,还可以设置显示波形的最大、最小值。其他功能不在此细述,感兴趣的读者可参考 CCS 使用手册。

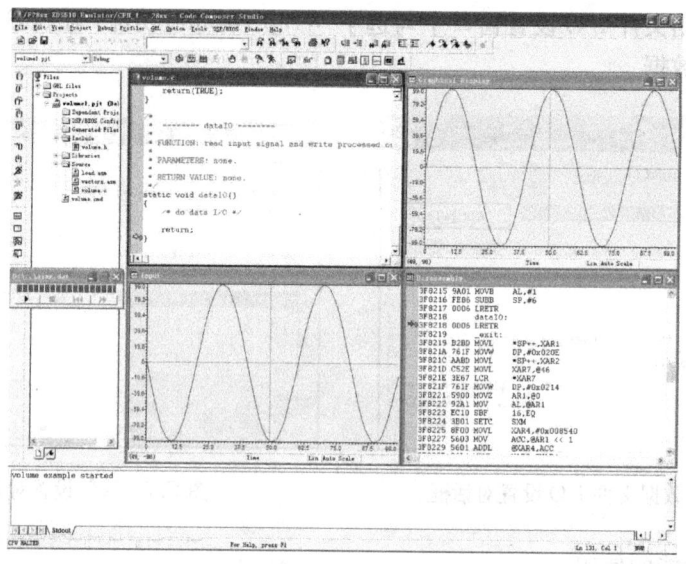

图 C.9 图形显示功能

6) 代码分析工具(Profiler)的使用

CCS 还集成了代码分析工具 Profiler,它可以用来计算某段代码共执行了多少个机器周期。这样不但能为程序代码的进一步优化提供依据,也可以为程序的实时性提供一个较精确的度量。下面还是以工程 volume1 为例简单介绍一下这个工具的使用。

(1) 加载生成的 volume1.out 文件,将程序执行到 main( )处。

(2) 选择 Profiler→Start New Session 命令,新建一个分析任务,并为其指定任务名。

(3) 打开主程序源文件,如图 C.10 所示,在 Processing( )函数定义的首行处选择右

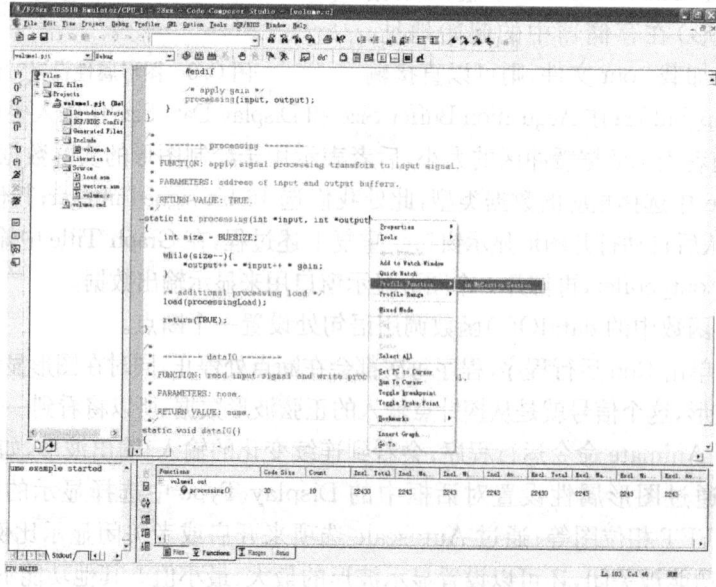

图 C.10 代码分析工具的使用

键菜单中的 Profile Function 命令,将该函数添加到分析窗口中。

(4) 运行程序,每次程序停止(遇到断点、单步执行或者使用 Halt 命令)或者运行到探针点时,分析窗口的统计数据就会被刷新。统计数据主要包含三个部分:一是被分析代码的长度(Code Size)和该段代码已经被执行的次数,例如这里 Processing( )函数的代码长度就是 33,其执行次数随着运行时间的增加而递增;二是整个被分析的代码区间(包含其中子函数调用的执行情况)中以机器周期数为单位的统计数据,如累计执行时间,最大、最小和平均执行时间等;三是整个被分析的代码区间(不包含其子函数调用的开销)中以机器周期数为单位的统计数据,如累计执行时间,最大、最小和平均执行时间等。

关于 Profiler 工具其他更深入的应用,请参考 CCS 使用手册。

C.2　C 语言开发文件说明

DSP 的软件可以使用汇编(asm)、C、C++等语言进行开发。下面将介绍 C 语言开发 DSP 过程中的文件说明。

C.2.1　实验过程中的相关文件

C 语言开发过程中需要一些包含 C281x 寄存器声明和定义的 C 头文件、源文件以及库文件。这些头文件(主要是片内各外设寄存器对应的结构体和共用体类型的声明)、DSP281xGlobalVariableDefs.c(寄存器变量的定义)和 DSP281x_Headers_nonBIOS.cmd (配置命令文件)主要用于片内系统及外设寄存器变量的声明、定义和定位,同时一些通用的系统或者外设初始化源代码文件(比如 DSP281x_DefaultIsr.c、DSP281x_PieCtrl.c、DSP281x_PieVect.c 等)也会在一些程序中用到。

一般来说,工程中除了主程序源文件外,还包括如下文件。

(1) DSP281x_Device.h:用于声明寄存器变量结构的头文件(每个外设或者系统功能寄存器组都对应一个头文件),使用时只要在程序中包含该文件就能包含其他所有的系统和外设寄存器头文件。注意:所有的头文件都不是手工添加到工程中的,只要在源代码文件中加入头文件包含命令,编译链接时会自动添加这些头文件到工程中。

(2) DSP281x_Headers_nonBIOS.cmd:由于同一片内外设模块中的寄存器地址基本上都是连续的,这样,这些寄存器变量就能以外设模块为单位配置到一系列输出段,该文件的作用就是根据各寄存器的实际地址将这些段映射到实际的存储器空间中。

(3) DSP281x_GlobalVariableDefs.c:将所有存储器映射的系统及外设寄存器定义成全局变量(这些变量的数据结构已经在对应的系统和外设头文件中声明过),并将这些变量分配到.cmd 文件中对应的输出段中。

(4) F2812_EzDSP_RAM_lnk.cmd:针对在 RAM 中运行的程序而编写的配置命令文件,可以自己根据存储器的扩展情况重新编写一个。

(5) rts2800_ml.lib:C 语言实时运行库文件。

C.2.2 CMD 文件

下面以 F2812_EzDSP_RAM_Ink.cmd 为例,简单介绍一下 CMD 文件的组成、基本伪指令的含义和用法。

CMD 文件的内容主要分为以下两部分。

1) MEMORY

以伪指令 MEMORY 开始的部分是用来定义目标板上存储器资源的分布,即有哪些存储器可以用,该文件中的这部分内容如下所示:

```
MEMORY
{
PAGE 0 :
    /* 片内的 H0 被分割成了 PAGE 0 和 PAGE 1 两部分 */
    /* BEGIN 区域在"H0 引导"模式下使用 */
    /* 当且仅当从 XINTF 区域 7 中引导时,复位向量加载到 RESET 区域中 */
    /* 复位向量加载到 RESET 区域中 */
    /* 否则,复位向量从 Boot ROM 中取得 */

    RAMM0       : origin = 0x000000, length = 0x000400
    BEGIN       : origin = 0x3F8000, length = 0x000002
    PRAMH0      : origin = 0x3F8002, length = 0x000FFE
    RESET       : origin = 0x3FFFC0, length = 0x000002
PAGE 1 :
    /* 片内的 H0 被分割成了 PAGE 0 和 PAGE 1 两部分 */
    RAMM1       : origin = 0x000400, length = 0x000400
    DRAMH0      : origin = 0x3f9000, length = 0x001000
}
```

其中:PAGE 0 代表的是程序存储区,PAGE 1 指数据存储区,RAMM0 和 BEGIN 等都是程序存储器中自定义子区域的名称,数据存储区同理。每个子区域内的空间是连续的,后面的参数分别指示其起始地址和长度。区域间可以是离散或者连续的(有时为了编程思路的清晰化,对实现不同功能的连续存储区域分别独立取名)。如果某一段物理存储器没有在 MEMORY 伪指令后进行配置,则链接器不会将任何程序或者变量定位到那里。

2) SECTIONS

以伪指令 SECTIONS 开始的部分用来控制程序文件中代码和数据输出段在存储器区域(必须是在 MEMORY 部分定义好的子区域)中的定位,该部分内容如下:

```
SECTIONS
{
```

```
    .text     :> PRAMH0,   PAGE = 0
    .cinit    :> PRAMH0,   PAGE = 0
    .pinit    :> PRAMH0,   PAGE = 0
    .switch   :> RAMM0,    PAGE = 0
    .reset    :> RESET,    PAGE = 0, TYPE = DSECT
    .stack    :> RAMM1,    PAGE = 1
    .ebss     :> DRAMH0,   PAGE = 1
    .econst   :> DRAMH0,   PAGE = 1
    .esysmem  :> DRAMH0,   PAGE = 1
}
```

其中:text 代表程序中的可执行代码段,后面的指令参数表示此段代码程序将被装载到程序存储器的 PRAMH0 区域中,而.cinit 段的存储器区域定位将紧接着.text 段后面,同理,以.stack 和.ebss 为首的指令参数表示的是堆栈和未初始化变量在数据存储器 DRAMH0 区域中的定位。

MEMORY 部分描述的是用户如何给目标存储器进行分类、分区,其描述和定义的对象必须是实际存在的物理存储器;而 SECTIONS 部分就是规定目标程序代码、变量将被装载或是定位到存储器的哪个区域,其控制的对象是源代码程序的各个输出段,其定位的范围只能是 MEMORY 部分中定义好的存储器区域。

注意:从 CCS2.20 开始允许向一个工程里添加多个 CMD 文件。

这里仅仅给出了一个 CMD 文件最简单的应用,并介绍了其中最基本和最常用伪指令的用法,如果读者需要进一步了解 CMD 文件中的其他伪指令及应用,请参考 28x 的汇编语言工具使用手册中有关链接器的章节。

C.2.3 寄存器变量的声明和定义文件

下面以通用 I/O 口数据寄存器变量为例,通过其寄存器变量的声明(.h)和定义文件(.c)简单介绍一下寄存器变量型数据结构的声明、寄存器变量对象的定义、输出段的映射和寄存器变量成员的访问方法。在 DSP281x_Gpio.h 中有如下声明:

```
struct GPAMUX_BITS {          // bits    description
    Uint16 PWM1_GPIOA0:1;     // 0
    Uint16 PWM2_GPIOA1:1;     // 1
    Uint16 PWM3_GPIOA2:1;     // 2
    Uint16 PWM4_GPIOA3:1;     // 3
    Uint16 PWM5_GPIOA4:1;     // 4
    Uint16 PWM6_GPIOA5:1;     // 5
    Uint16 T1PWM_GPIOA6:1;    // 6
    Uint16 T2PWM_GPIOA7:1;    // 7
```

```c
    Uint16 CAP1Q1_GPIOA8:1;      // 8
    Uint16 CAP2Q2_GPIOA9:1;      // 9
    Uint16 CAP3QI1_GPIOA10:1;    // 10
    Uint16 TDIRA_GPIOA11:1;      // 11
    Uint16 TCLKINA_GPIOA12:1;    // 12
    Uint16 C1TRIP_GPIOA13:1;     // 13
    Uint16 C2TRIP_GPIOA14:1;     // 14
    Uint16 C3TRIP_GPIOA15:1;     // 15
};
```

上面的代码声明了一个叫 GPADAT_BITS 的结构体,这个 16 位结构体中包含 16 个二进制位成员,这些成员的名称从低到高各位分别对应 GPIOA0~GPIOA15。

```c
union GPAMUX_REG {
    Uint16              all;
    struct GPAMUX_BITS  bit;
};
```

上面的代码声明了一个叫 GPADAT_REG 的共用体,这个共用体既可以当成一个 16 位无符号整型数据来用,也可以当成 GPADAT_BITS 结构体形式的数据。如果需要当成前者来引用,就要使用 all 这个成员名,如果是后者,则要用成员名 bit。

```c
struct GPIO_DATA_REGS {
    union   GPADAT_REG      GPADAT;
    union   GPASET_REG      GPASET;
    union   GPACLEAR_REG    GPACLEAR;
    union   GPATOGGLE_REG   GPATOGGLE;
    union   GPBDAT_REG      GPBDAT;
    union   GPBSET_REG      GPBSET;
    union   GPBCLEAR_REG    GPBCLEAR;
    union   GPBTOGGLE_REG   GPBTOGGLE;
    Uint16                  rsvd1[4];
    union   GPDDAT_REG      GPDDAT;
    union   GPDSET_REG      GPDSET;
    union   GPDCLEAR_REG    GPDCLEAR;
    union   GPDTOGGLE_REG   GPDTOGGLE;
    union   GPEDAT_REG      GPEDAT;
    union   GPESET_REG      GPESET;
    union   GPECLEAR_REG    GPECLEAR;
    union   GPETOGGLE_REG   GPETOGGLE;
    union   GPFDAT_REG      GPFDAT;
```

```
    union    GPFSET_REG        GPFSET;
    union    GPFCLEAR_REG      GPFCLEAR;
    union    GPFTOGGLE_REG     GPFTOGGLE;
    union    GPGDAT_REG        GPGDAT;
    union    GPGSET_REG        GPGSET;
    union    GPGCLEAR_REG      GPGCLEAR;
    union    GPGTOGGLE_REG     GPGTOGGLE;
    Uint16                     rsvd2[4];
};
```

上面的代码声明了一个叫 GPIO_DATA_REGS 的结构体，它是根据通用 I/O 口各数据寄存器的地址分布（总体上讲，它们在存储器空间中是连续分布的），为这整块存储区域声明一个结构体。在这块存储区域中，如果遇到保留区域，就根据其大小将这片保留区域声明成 16 位无符号整型数组，如上面 GPIO_DATA_REGS 结构体中的 rsvd1 数组成员就表示 GPBTOGGLE 寄存器后面 4 个字大小的存储区域是被保留的区域。

```
#ifdef __cplusplus
#pragma DATA_SECTION("GpioDataRegsFile")
#else
#pragma DATA_SECTION(GpioDataRegs,"GpioDataRegsFile");
#endif
volatile struct GPIO_DATA_REGS GpioDataRegs;
```

编译指示符 DATA_SECTION 的作用是通知编译器将某变量分配到指定的输出段里，上面这段代码的功能就是定义 GPIO_DATA_REGS 结构体型的变量 GpioDataRegs（寄存器组变量），并将 GpioDataRegs 变量定位到 GpioDataRegsFile 输出数据段中。

注意：此处变量定义时使用的 volatile 关键词非常重要，它能够告诉编译器此变量的内容可能会被硬件修改，因此，编译器就不会对其进行优化。如果不使用这个关键词，那么编译器有可能将这个变量优化到 CPU 寄存器中，从而导致不可预见的错误。

在 DSP281x_Headers_nonBIOS.cmd 中有如下伪指令代码：

```
MEMORY
{
PAGE 0:    /* Program Memory */
PAGE 1:    /* Data Memory */
    /*省略*/
    GPIODAT  : origin = 0x0070E0, length = 0x000020   /* GPIO 数据寄存器 */
    /*省略*/
}
SECTIONS
{
```

```
        /*省略*/
        GpioDataRegsFile  :> GPIODAT       PAGE = 1
        /*省略*/
}
```

通过上面 cmd 文件中的伪指令，能将数据输出段 GpioDataRegsFile 指定到实际的数据存储器区域 GPIODAT 里（该区域起始地址为 0x0070E0,长度是 0x000020）。这样，当在主程序中需要访问 GPADAT 寄存器时，就能通过下面的形式直接实现：

GpioDataRegs.GPADAT.bit.GPIOA4 = ….
GpioDataRegs.GPADAT.all = ….

其中：前者表示的是单独访问 GPADAT 寄存器的第 4 位 GPIOA4，同理也可以单独访问 16 位数据中的任何一位，后者表示将 GPADAT 整体当成一个 16 位无符号整型数据来访问。

一般来说，在声明寄存器变量结构时，都会根据功能将各个位域描述成整体的结构成员（一些寄存器中可能需要几个位组合起来使用，如果是这样，就将这几个位作为一个局部整体声明成寄存器的一个成员），因此就能以结构体成员的形式来访问寄存器的某一位或者某几位：寄存器组.寄存器.bit.功能位。其中，寄存器组是外设寄存器组结构体类型（包含多个寄存器，可能还有保留区域）的变量名，寄存器是寄存器组数据结构声明中的成员名(结构体)，bit 是寄存器以位域结构体形式进行访问时使用的成员名（共用体），功能位是该位域结构体中的具体成员名（结构体）；同理，用寄存器组.寄存器.all 就能以 16 位无符号数整体的形式访问寄存器，这里的 all 是寄存器以 16 位无符号数整体形式被引用时所使用的成员名（共用体）。

相比使用的宏定义方式，这种方式通过结构体、共用体和全局变量实现了对寄存器位域的独立访问，为寄存器提供了更加灵活和高效的访问手段，也大大提高了代码的可读性、可靠性和可维护性。

C.3 C2000 DSP 教学实验箱介绍

在实验前，必须仔细阅读，熟悉实验平台硬件。

C.3.1 概述

在 C2000 DSP 实验箱系统中主要集成了 DSP、SRAM、ADC、DAC、UART、SPI、CAN、USB、LCD、LED 以及键盘电路等，其主要结构框图如图 C.11 所示。

实验箱主要芯片说明如下。

(1) DSP:TMS320F2812(32bit,150MHz)

片上存储器：

FLASH   128K×16bit   BOOT ROM   4K×16bit

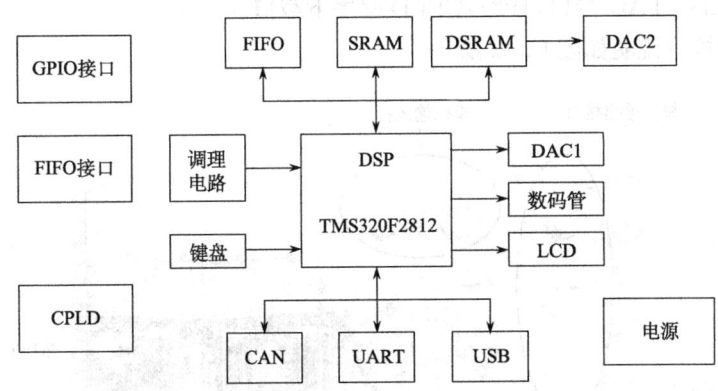

图 C.11　C2000 实验箱原理框图

SRAM　　18K×16bit　　　　OTP ROM　　1K×16bit

其中:FLASH、OTP ROM 和 8K×16bit 的 SRAM 受口令保护,用以保护程序。

片上外设:

PWM　12 路　　　　SCI　　2 通道

QEP　6 通道　　　　McBSP　1 通道

CAN　1 通道　　　　SPI　　1 通道

ADC　2×8 通道,12bit,80ns 转换时间,0～3V 输入量程

(2) 外扩 SRAM:CY7C1041(256K×16bit,15ns)。

(3) 外扩双端口 SRAM:IDT70V24(4K×16bit,15ns)。

(4) 外扩 FIFO:IDT7206(16K×8bit)。

(5) 外扩 USB 芯片:CY7C68001。

(6) 外扩两路 DAC:AD768(16bit,30ns 转换速率)。

(7) 外扩 LCD 显示芯片:T6963C。

(8) 外扩串行 FRAM 芯片:FM25L256(256Kb)。

(9) 实时时钟芯片:X1226(4Kb EEPROM)。

实验箱主要接口说明如下。

(1) 模拟输入 INPUT1,INPUT2:±1V。

(2) 模拟输出 OUT1:TTL 电平;OUT2,OUT3:±2V。

(3) USB 接口(JP3):符合 USB2.0 协议,最高传输速率 480Mbps。

(4) CAN 接口(JP5):符合 CAN2.0 协议,最高传输速率 1Mbps。

(5) RS232/485 接口(JP4):标准 232/485 接口。

(6) 键盘接口(JP12):19 键非标准自定义键盘。

(7) LCD 接口(JP11):240×128 点阵 LCD。

(8) GPIO 接口(JP10):10 路输出,8 路输入。

(9) FIFO 接口(JP9):外扩 FIFO 接口。

(10) DSP_JTAG 接口(JP1):DSP 仿真接口。

(11) CPLD_JTAG 接口(JP2):CPLD 程序下载口。

实物图和接口说明如图 C.12 所示。

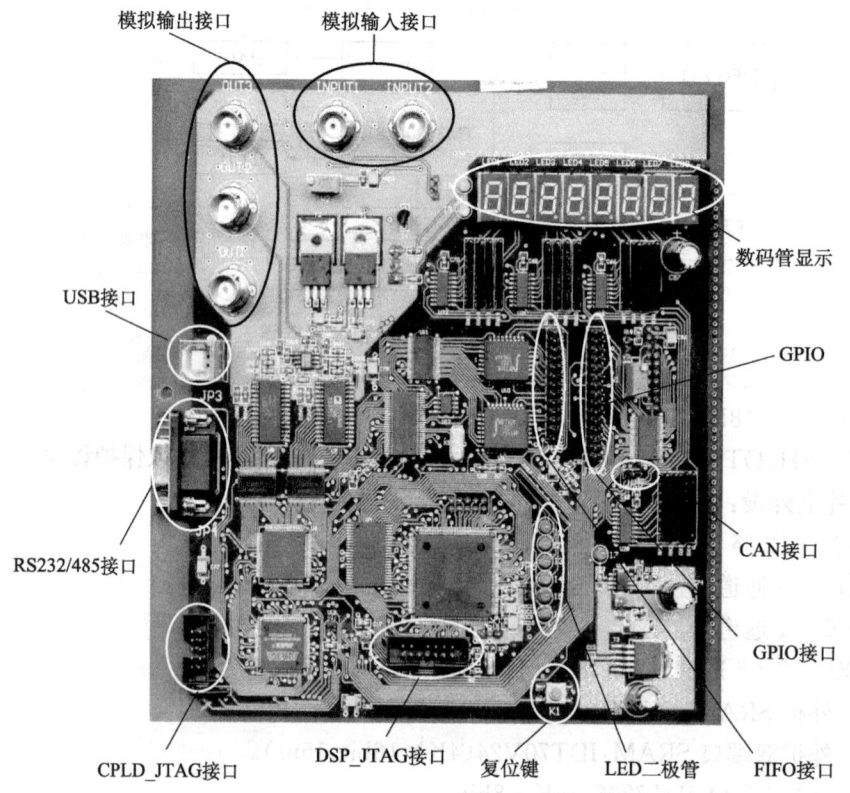

图 C.12　C2000 实验箱接口

C.3.2　实验箱分系统介绍

1. 时钟电路

实验箱中的 TMS320F2812 用 30MHz 外部晶振给 DSP 提供时钟,并使能 F2812 片上 PLL 电路。PLL 倍频系数由 PLL 控制寄存器 PLLCR 的低 4 位控制,可由软件修改。外部复位信号(RS)可将此 4 位清零(CCS 中的复位命令将不能对这 4 位清零)。F2812 的 CPU 最高可工作在 150MHz 的主频下,也即是对 30MHz 输入频率进行 5 倍频。

2. 存储空间的配置

TMS320F2812 为哈佛结构的 DSP,在逻辑上有 4M×16bit 的程序空间和 4M×16bit 的数据空间,但在物理上已将程序空间和数据空间统一成一个 4M×16bit 的空间,其地址映射表如表 C.1 所示。

附录 C　DSP 开发实验预备知识

表 C.1　TMS320F2812 地址映射表

Block Start Address	On-Chip Memory		Exernal Memory XINTF		
	Data Space	Prog Space	Data Space	Prog Space	
0x00 0000	M0 Vector-RAM (32 × 32bit) (Enabled if VMAP=0)		Reserved		
0x00 0040	M0 SARAM (1K × 16bit)				
0x00 0400	M1 SARAM (1K × 16bit)				
0x00 0800	Peripheral Frame 0 (2K × 16bit)	Reserved			
0x00 0D00	PIE Vector-RAM (256×16bit) (Enabled if VMAP=1, ENPIE=1)				
0x00 0E00	Reserved				
0x00 2000	Reserved		XINTF Zone 0 (8K × 16bit, $\overline{XZCS0AND1}$)		0x00 2000
			XINTF Zone 1 (8K × 16bit, $\overline{XZCS0AND1}$) (Protected)		0x00 4000
0x00 6000	Peripheral Frame 1 (4K × 16bit, Protected)	Reserved	Reserved		
0x00 7000	Peripheral Frame 2 (4K × 16bit, Protected)				
0x00 8000	L0 SARAM (4K × 16bit, Secure Block)				
0x00 9000	L1 SARAM (4K × 16bit, Secure Block)				
0x00 A000	Reserved		XINTF Zone 2 (0.5M × 16bit, $\overline{XZCS2}$)		0x08 0000
			XINTF Zone 6 (0.5M × 16bit, $\overline{XZCS6AND7}$)		0x16 0000
					0x18 0000
0x3D 7800	OTP (1K × 16bit, Secure Block)		Reserved		
0x3D 7C00	Reserved (1K)				
0x3D 8000	FLASH (128K × 16bit, Secure Block)				
0x3F 7FF8	128-Bit Password				
0x3F 8000	H0 SARAM (8K × 16bit)				
0x3F A000	Reserved		XINTF Zone 7 (16K × 16bit, $\overline{XZCS6AND7}$) (Enabled if MF/$\overline{MC}$=1)		0x3F C000
0x3F F000	BOOT ROM (4K × 16bit) (Enabled if MF/$\overline{MC}$=0)				
0x3F FFC0	BROM Vector-ROM (32 × 32bit) (Enabled if VMAP=1, MF/$\overline{MC}$=0, ENPIE=0)		XINTF Vector-RAM (32 × 32bit) (Enabled if VMAP=1, MF/MC=1, ENPIE=0)		

左侧标注：Low 64K (24x/240x Equivalent Data Space)；High 64K (24x/240x Equivalent Program Space)

TMS320F2812 片上有 128K×16bit 的 FLASH、18K×16bit 的 SRAM、4K×16bit 的 BOOT ROM、1K×16bit 的 OTP ROM。

实验箱上还外扩了 256K×16bit SRAM、4K×16bit 双端口 SRAM 和 16K× 8bitFIFO 存储器，另外还外扩了若干个控制状态接口。这些存储体在存储空间中的映射如表 C.2 所示。

表 C.2　C2000 实验箱 TMS320F2812 DSP 存储空间配置表

地址范围	数据空间	程序空间	等待时间	备注
0x00,0000～0x00,03FF	1K×16bit 片上 M0 SARAM	1K×16bit 片上 M0 SRAM	0 等待	

续表

地址范围	数据空间	程序空间	等待时间	备注
0x00,0400～0x0007FF	1K×16bit 片上 M1 SARAM	1K×16bit 片上 M1 SRAM	0 等待	
0x00,0800～0x00,0FFF	2K×16bit 片上外设寄存器块 0	保留	0 等待	
0x00,1000～0x00,1FFF	4K×16bit 保留	保留		
0x00,2000～0x00,5FFF	16K×16bit 外扩控制/状态寄存器	保留	1 个等待	占 ZONE0 和 ZONE1
0x00,6000～0x00,6FFF	4K×16bit 片上外设寄存器块 1	保留	0 等待	
0x00,7000～0x00,7FFF	4K×16bit 片上外设寄存器块 2	保留	0 等待	
0x00,8000～0x00,8FFF	4K×16bit 片上 L0 SARAM	4K×16bit 片上 L0 SARAM	0 等待	受 CSM 保护
0x00,9000～0x00,9FFF	4K×16bit 片上 L1 SARAM	4K×16bit 片上 L1 SARAM	0 等待	受 CSM 保护
0x00,A000～0x07,FFFF	472K×16bit 保留	保留		
0x08,0000～0x08,0FFF	4K×16bit 外扩双口 SRAM	4K×16bit 外扩双口 SRAM	2 个等待	占 ZONE2
0x10,0000～0x13,FFFF	256K×16bit 外扩 SRAM	256K×16bit 外扩 SRAM	2 个等待	占 ZONE6
0x14,0000～0x14,FFFF	16K×8bit 外扩 FIFO	16K×8bit 外扩 FIFO	4 个等待	占 ZONE6
0x18,0000～0x3D,77FF	2398K×16bit 保留	2398K×16bit 保留		
0x3D,7800～0x3D,7BFF	1K×16bit 片上 OTP ROM	1K×16bit 片上 OTP ROM	1 个等待	受 CSM 保护
0x3D,7C00～0x3D,7FFF	1K×16bit 保留	1K×16bit 保留		
0x3D,8000～0x3F,7FFF	128K×16bit 片上 FLASH	128K×16bit 片上 FLASH	0 等待	受 CSM 保护
0x3F,8000～0x3F,9FFF	8K×16bit 片上 H0 SARAM	8K×16bit 片上 H0 SARAM	0 等待	
0x3F,A000～0x3F,EFFF	20K×16bit 保留	20K×16bit 保留		
0x3F,F000～0x3F,FFFF	4K×16bit 片上 BOOT ROM	4K×16bit 片上 BOOT ROM	1 等待	MP/MC=0

3. 外部扩展控制/状态寄存器

C2000 实验箱上配置有 LED、USB 接口、DAC、LCD、状态寄存器和控制寄存器等,它们都映射在 F2812 的 Zone0 或 Zone1 存储空间中,具体的定义如表 C.3 所示。

表 C.3 外部扩展控制/状态寄存器地址

名称	地址	操作	访问周期
LED8	0x00,2000		
LED7	0x00,2100		
LED6	0x00,2200		Ts=6.67ns
LED5	0x00,2300	8bit,只写	Tw=10ns
LED4	0x00,2400		Th=0ns
LED3	0x00,2500		
LED2	0x00,2600		
LED1	0x00,2700		
LED 数据更新	0x00,2C00	写任意数	
USB	0x00,2800～0x00,28FF	16bit,读/写	Ts=10ns,Tw=50ns,Th=70ns
DAC	0x00,2900	16bit,只写	Ts=10ns,Tw=10ns,Th=5ns

续表

名称	地址	操作	访问周期
LCD	0x00,2A00～0x00,2A01	8bit,读/写	Ts=10ns,Tw=50ns,Th=70ns
状态寄存器	0x00,2D00	16bit,只读	Ts=6.67ns,Tw=10ns,Th=0ns
控制寄存器	0x00,2D00	16bit,只写	Ts=6.67ns,Tw=10ns,Th=0ns
FIFO 复位	0x00,2E00	写任意数	Ts=6.67ns,Tw=10ns,Th=0ns

注:(1) Ts 为建立时间,Tw 为读写宽度,Th 为保持时间;
(2) LED 为 8 段数码显示管;
(3) DAC1 为 16 位高速 DAC,与输出口 OUT3 相连;

状态寄存器地址为 0x00,2D00,只读,各位含义如表 C.4 所示。

表 C.4 状态寄存器(0x00,2D00)各位含义

D7	D6	D5	D4	D3	D2	D1	D0
保留	保留	FIFO_EF	USB_INT	USB_RDY	FLAGC	FLAGB	FLAGA

注:(1) FIFO_EF:外扩 FIFO 标志,低电平表示有数。
(2) USB_INT:USB 中断信号,低电平有效。
(3) USB_RDY:USB 的 READY 的状态(0:USB 未就绪;1:USB 已就绪)。
(4) FLAGC:USB 的 FLAGC 的状态(0:有效;1:无效)。
(5) FLAGB:USB 的 FLAGB 的状态(0:有效;1:无效)。
(6) FLAGA:USB 的 FLAGA 的状态(0:有效;1:无效)。

控制寄存器地址也为 0x00,2D00,只写,各位含义如表 C.5 所示。

表 C.5 控制寄存器(0x00,2D00)各位含义

D7	D6	D5	D4	D3	D2	D1	D0
保留	保留	USB_WKUP	LCD_LIGHT	保留	FFT_P1	FFT_P2	DA11

注:(1) USB_WKUP:CY7C68001 唤醒,复位为 0(0:休眠;1:唤醒)。
(2) LCD_LIGHT:LCD 背光灯控制(0:关;1:开)。
(3) FFT_P1,FFT_P0:FFT 运算点控制(00:256 点;01:512 点;10:1024 点;11:2048 点)。
(4) DA11:双端口 SRAM 上、下两部分切换(0:0x08,0000～0x08,07FF 内容送 DAC2;1:0x08,0800～0x08,0FFF 内容送 DAC2)。

4. 外部扩展输入输出

与实验相关的外部扩展输入/输出描述如下。
1) 外扩 10 路数字输出和 8 路数字输入(GPIO)
DOUT 为输出 IO,DIN 为输入 IO。外扩的 GPIO 口对应 C2000 实验箱 JP10 插座,其对应关系如表 C.6 所示。

表 C.6　JP10 对应的数字输入/输出端口

DSP_GPIO	信号名称	JP10 管脚号	JP10 管脚号	信号名称	DSP_GPIO
	VCC	30	29	VCC	
	GND	28	27	GND	
	GND	26	25	DOUT9	GPIOB5
	GND	24	23	DOUT8	GPIOB4
GPIOB3	DOUT7	22	21	DOUT6	GPIOB2
	GND	20	19	DOUT5	GPIOB1
GPIOB0	DOUT4	18	17	DOUT3	GPIOA03
	GND	16	15	DOUT2	GPIOA02
GPIOA01	DOUT1	14	13	DOUT0	GPIOA00
	GND	12	11	GND	
GPIOA15	DIN7	10	9	DIN6	GPIOA14
	GND	8	7	DIN7	GPIOA15
GPIOA12	DIN4	6	5	DIN3	GPIOA11
	GND	4	3	DIN2	GPIOA10
GPIOA09	DIN1	2	1	DIN0	GPIOA08

2) LED 数码显示管

8 个 LED 为共阴极显示管,其端口地址如表 C.3 所示。将字符的显示码送入相应地址后,发出更新命令(即在 0x00,2C00 写任意数)即可使 LED 显示相应字符。

LED 的数符对应码字如表 C.7 所示。

3) 存储空间的扩展

C2000 实验箱中的 TMS320F2812 DSP 扩展了三个外扩存储器,它们分别是 256K×16bit 的 SRAM、4K×16bit 的双端口 SRAM 和 16K×8bit 的 FIFO,其地址映射空间如表 C.2 所示。

DSP 外扩了两片 FIFO,对 DSP 而言,一片只读,另一片只写,映射的物理地址相同;可通过外部 FIFO 接口(JP9)分别对两片 FIFO 进行读写,交换数据。

4) JTAG

C2000 实验箱中有两个 JTAG 引脚,分别对应着 DSP 与 CPLD。DSP(TMS320F2812) 的 JTAG 插座为 JP1。CPLD(EPM7256)的 JTAG 插座为 JP2。

5) 模拟输入

C2000 实验箱上有两路模拟量输入,由 BNC 座(INPUT1、INPUT2)输入,此模拟电压信号经过前端的低通滤波器,滤除不必要的高频噪声信号,并且将模拟输入信号幅度转换成 TMS320F2812 的 ADC 所能接受的信号范围 0~3V。前端每一路的模拟调理电路均带有保护电路,防止烧毁 DSP。INPUT1 通过模拟调理电路送到 F2812 的 ADCINA0;INPUT2 通过模拟调理电路送到 F2812 的 ADCINB0。

表 C.7　LED 结构及对应码字

LED结构	数符	码字
数码管编码格式 hgfe,dcba	0	0x3F
	1	0x06
	2	0x5B
	3	0x4F
	4	0x66
	5	0x6D
	6	0x7D
	7	0x07
	8	0x7F
	9	0x6F
	A	0x77
	B	0x7C
	C	0x39
	D	0x5E
	E	0x79
	F	0x71

6) 模拟输出

C2000 DSP 实验箱上有两路 DAC 模拟量输出,分别对应 BNC 接口 OUT2 和 OUT3,该 DAC 采用 ADI 公司的数模转换芯片 AD768(分辨率 16bit,转换速率 33.3MSPS)。一片 DAC 与 DSP 直接相连,端口地址为 0x002900,主要用于 FIR、IIR 等数据流运算输出,该 DAC 对应 OUT3 模拟输出接口。另一片 DAC 与双端口存储器(4K×16bit)直接相连,双端口存储器的另一端与 DSP 相连,端口地址范围 0x080000~0x080FFF,主要用于 FFT 等数据帧运算输出,该 DAC 对应 OUT2 模拟输出接口。双端口存储器配置为乒乓存储模式,存储器的输出由控制寄存器(地址为 0x002D00)的 bit0 控制切换。系统工作时,DSP 将最新运算结果写入到双端口存储器上半部分(地址范围 0x080000~0x0807FF),同时配置控制寄存器 bit0 为 1,表示将该存储器下半部分(地址范围 0x080800~0x080FFF)数据送到 DAC 输出;在一帧数据计算完成后,将 DSP 运算结果写入到双端口存储器的下半部分,同时配置控制寄存器 bit0 为 0,表示将该存储器的上半部分数据送到 DAC 输出。如此循环可实现存储器读写的乒乓切换。实验板上还有 BNC 接口 OUT1,该接口输出帧同步信号,可接至示波器外触发端。